प्राचीन भारतीय खगोलविज्ञान

गूढ, अद्भुत आणि गौरवशाली परंपरा

नीलेश नीलकंठ ओक

रूपा भाटी ◆ लीना दामले

सकाळ प्रकाशन

![सकाळ प्रकाशन logo] **सकाळ प्रकाशन**

Prachin Bharatiya Khagolvidnyan
© Nilesh Nilkanth Oak, Roopa Bhaty, Leena Damle, **2024**

प्राचीन भारतीय खगोलविज्ञान
© नीलेश नीलकंठ ओक, रूपा भाटी, लीना दामले, २०२४

प्रथम आवृत्ती	:	डिसेंबर, २०२४
द्वितीय आवृत्ती	:	डिसेंबर, २०२४
प्रकाशक	:	सकाळ मीडिया प्रा. लि.
		५९५, बुधवार पेठ, पुणे ४११ ००२
संपादक	:	दीपाली चौधरी
मुखपृष्ठ व मांडणी	:	यशोधन लोवलेकर
मुद्रणस्थळ	:	विकास प्रिंटिंग ऑण्ड कॅरिअर्स प्रा. लि.
		प्लॉट नं. ३२, एमआयडीसी, सातपूर, नाशिक
ISBN	:	978-93-48048-25-7
संपर्क	:	०२०-२४४० ५६७८ / ८८८८८ ४९०५०
		sakalprakashan@esakal.com

Disclaimer :
Although the author has taken every effort to ensure that the information in this book was correct at the time of printing, the author and publisher do not assume and hereby disclaim any liability to any party, society for any loss, damage, or disruption caused by errors or omissions, whether such errors and omissions are caused due to negligence, accident, amendment in Act, Rules, Bye laws or any other cause. The views expressed in this book are those of the Authors and do not necessarily reflect the views of the Publishers.

प्राचीन भारतीय ज्ञानसंस्कृतीच्या
'आधुनिक' अभ्यासकांना...

मनोगत

डिसेंबर, २०१८च्या कडाक्याच्या थंडीत मी ऑक्सफर्ड परिषदेत बोलत होतो. *सूर्यसिद्धान्त* या प्राचीन भारतीय खगोलशास्त्रीय ग्रंथाच्या आधारे मी आणि रूपा भाटी यांनी केलेल्या सखोल संशोधनाविषयी मांडणी करत होतो. हे संशोधन होतं इ.स.पू. १२०००विषयी.

सूर्यसिद्धान्त हा ग्रंथ जागतिक स्तरावरील खगोलशास्त्रज्ञांमध्ये अत्यंत आदराने पाहिला जातो; महत्त्वाचा मानला जातो. गंमत म्हणजे (आश्चर्य मात्र नाही), की पश्चिम आणि पूर्वेतील *भारतविद्या* अर्थात इंडॉलॉजी (Indology) विषयातले प्राध्यापक व विद्यार्थी या सर्वांनी आमच्या निष्कर्षांकडे केवळ अनभिज्ञतेनंच नाही, तर अविश्वासानंही पाहिले. दुसरीकडे, जेव्हा हेच निष्कर्ष वैज्ञानिक – शैक्षणिक किंवा इतर कोणत्याही – वर्तुळामध्ये चर्चिले गेले, तेव्हा सर्वांनी ते आनंदाश्चर्याने समजून घेतले.

माझ्यासाठी हा एक साक्षात्कार घडवणारा क्षण होता. माझ्या लक्षात आलं, की इंडॉलॉजी ॲकॅडमिक वर्तुळात वैज्ञानिक दृष्टिकोन आणि तर्कशुद्ध विचारसरणीविषयक मूलभूत कौशल्यं किती कमी आहेत. गेल्या कित्येक वर्षांपासून त्यांनी त्याच त्याच विषयांचा 'चावून चोथा' करणंच चालू ठेवलं आहे आणि यामुळेच त्यांनी स्वतःला विस्मृतीत ढकलून दिलं आहे.

दुसरीकडे, सोशल मीडिया आणि ऑनलाइन उपलब्ध ज्ञानामुळे स्वतः शिकणाऱ्यांची एक नवी समाजरचना उदयाला आली आहे. हे जिज्ञासू लोक त्यांच्या

आवडीच्या विषयातल्या अद्भुत माहितीसाठी सजग असतात, नव्या शास्त्रांचं शिक्षण घेण्यासाठी तयार असतात आणि अगदी मौलिक संशोधन करण्यासही पुढे सरसावतात. हे छोटेसं पुस्तक अशा अभ्यासक-वाचकांसाठी आहे.

हे पुस्तक तीन भागांमध्ये विभागलेलं आहे. पहिल्या भागात महाभारत आणि रामायण या मानवजातीच्या 'इतिहासग्रंथां'तील खगोलशास्त्रीय पुराव्यांची थोडक्यात मांडणी केली आहे. या पुराव्यांद्वारे भारतीय खगोलशास्त्राच्या प्राचीन इतिहासाचा शोध लावण्यासाठी महत्त्वपूर्ण प्राचीन आधारस्तंभ (sheet anchors) वाचकांसमोर मांडले आहेत. या खगोलशास्त्रीय पुराव्यांच्या आधारे महाभारत युद्धाचा कालखंड इ.स.पू. ५५६१ आणि रामायणातील राम-रावण युद्धाचं वर्ष इ.स.पू. १२२०९ निश्चित करण्यात निर्णायक योगदान दिलं आहे. सूर्यसिद्धान्तातल्या युगांचा महाभारत आणि रामायण काळाशी असलेला संबंध स्पष्ट करण्यासाठी दाखवला आहे. यावरून वाचकाला समजते की, महाभारत आणि रामायण या महाकाव्य ग्रंथांचे पुरावे इतर भारतीय परंपरेपासून वेगळे नसून या परंपरेचे मध्यवर्ती भाग आहेत. भारतीय संस्कृतीचा विचार करता, खरोखर खगोलशास्त्र म्हणजेच 'काळ' आहे (Astronomy is time) असं म्हणता येते. खगोलशास्त्रीय पुरावे प्राचीन घटनांची अचूक कालमर्यादा देतात; त्याचबरोबर नद्यांचा भूगोल आणि त्यांच्या प्रवाहातल्या बदलांचा अभ्यास भारतीय प्राचीन काळाचं चित्र उभं करण्यासाठी महत्त्वाचा ठरतो.

पहिल्या भागातली प्रकरणं प्रामुख्याने नीलेश ओक आणि रूपा भाटी यांच्या मौलिक संशोधनावर आधारित आहेत. पुस्तकाचा दुसरा भाग ऋग्वेद, महाकाव्यं, खगोलशास्त्र आणि पुराणग्रंथांमधल्या खगोलशास्त्रीय फेररचनांचा काळ, तसंच विविध प्राचीन वास्तूंच्या स्थान आणि दिशात्मक अभिमुखतेच्या आधारे अभ्यास करतो. या अभ्यासामुळे वाचकांना भारतीय संस्कृतीच्या विविध युगांमध्ये खगोलशास्त्रीय संदर्भ चौकट कशी निर्माण आणि पुन्हा कशी तयार केली गेली, याची ओळख होईल. तसंच, भारतातले थोर ऋषींनी, संतांनी आणि वास्तुविशारदांनी हे प्राचीन ज्ञान शिकवण्यासाठी, प्रचारित करण्यासाठी आणि जतन करण्यासाठी कशा प्रकारे कुशल उपायांचा अवलंब केला, याचे प्रत्ययकारी दर्शन होईल. भारतीय उपखंडात आधुनिक विज्ञानाच्या उदयापूर्वी भारतीय खगोलशास्त्रज्ञांनी केलेल्या आश्चर्यकारक मोजमापांबद्दल आणि ग्रह-नक्षत्रांच्या निरीक्षणांबद्दल थोडक्यात माहिती दिली आहे.

सातवं, आठवं आणि बारावं प्रकरण हे रूपा भाटी यांच्या मौलिक संशोधनावर आधारित आहेत; नववं आणि दहावं प्रकरण नीलेश ओक यांच्या संशोधनावर आधारित आहेत; अकरावं प्रकरण श्री धरमपाल यांच्या दस्तऐवजांवर आधारित आहे; तर तेरावं प्रकरण लीना दामले यांच्या संशोधनावर आधारित आहे.

भारतीय परंपरेत सहजपणे पाहायला मिळणारी अध्यात्म आणि विज्ञान यांच्यातली एकात्मता तिसरा विभाग अधोरेखित करतो. युरोपीय किंवा पाश्चात्त्य जगाच्या मध्ययुगीन इतिहासातील किंवा गैर-धार्मिक संस्कृतींमधील विज्ञान व अध्यात्म यांच्यातल्या संघर्षाच्या पार्श्वभूमीवर, भारतातील अध्यात्म आणि विज्ञान यांच्यातील एकात्मता ही अगदी वेगळी दिसते. मध्ययुगीन भारतीय संत विज्ञान आणि अध्यात्म यांचा सहज संगम कसा साधतात, हे हा विभाग दाखवतो. शिवाय, सततची परकीय आक्रमणं आणि परकीयांनी जाणीवपूर्वक केलेल्या ज्ञान-संस्कृती यांच्या विध्वंसापूर्वी भारतीय जनसामान्यांमध्ये रुजलेल्या ज्ञानाची झलकही देतो. ज्यामुळे आध्यात्मिक व वैज्ञानिक अन्वेषणांच्या सातत्यपूर्ण परंपरेला धक्का बसला.

पंधरावं आणि सोळावं प्रकरण हे लीना दामले यांच्या संशोधनावर आधारित आहेत.

भारतीय खगोलशास्त्राच्या आणि भारतीय संस्कृतीच्या प्राचीन इतिहासाची जाणीव करून देणं हा या पुस्तकाचा उद्देश आहे. इंडॉलॉजी अभ्यासातील रूढीवादी दृष्टिकोनापासून मुक्त होऊन, प्राचीन भारतीय खगोलशास्त्राच्या जगाचा अभ्यास मुळातून करण्याची आवड आणि दृढनिश्चय असलेल्या जिज्ञासू व्यक्तींना प्रेरणा आणि प्रोत्साहन देणं हा त्याहीपेक्षा महत्त्वाचा उद्देश आहे.

आमची इच्छा आणि अपेक्षा आहे की, या पुस्तकात चर्चिलेली उदाहरणं प्राचीन भारतीय खगोलशास्त्राच्या विद्यार्थ्यांना प्रेरणादायक ठरावीत. या ग्रंथांमध्ये अद्याप दडलेल्या गूढ रहस्यांचा शोध घ्यायला त्यांना प्रवृत्त करावं. या पुस्तकाचे लेखक म्हणून आम्हांला हा अभ्यास करताना विलक्षण आनंद मिळाला; आणि आम्ही भविष्यातील संशोधकांसाठीही याच अनुभवाची शुभेच्छा व्यक्त करतो.

नीलेश नीलकंठ ओक
रूपा भाटी
लीना दामले

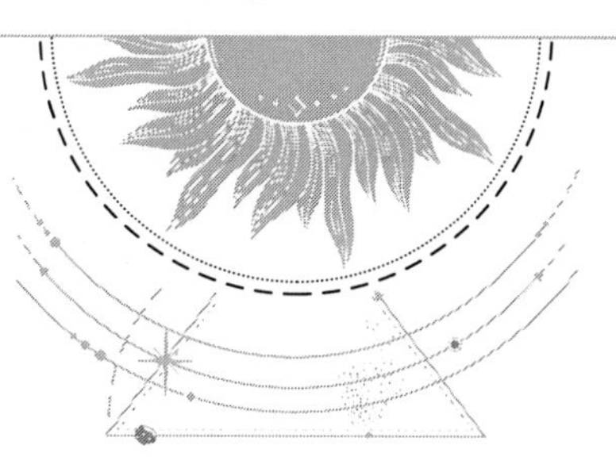

अनुक्रमणिका

विभाग पहिला
भारतीय ज्ञानसंस्कृतीचे
प्राचीनत्व

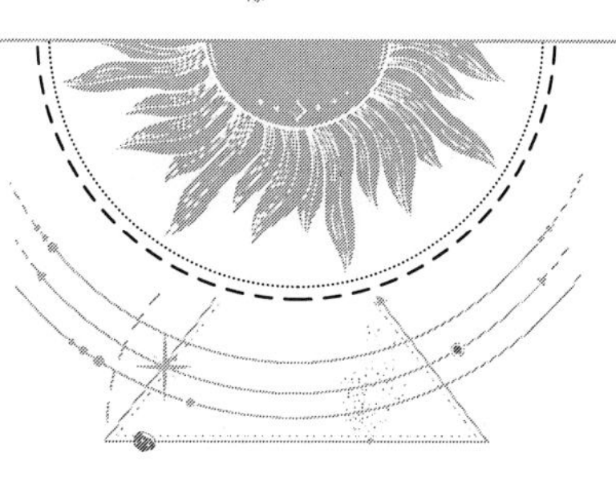

प्राचीन भारतीय ग्रंथांमधील 'आधुनिक' विज्ञान

प्राचीन भारतीयांचे ज्ञान, विशेषत: खगोल विज्ञान आणि भारताच्या इतिहासाचे प्राचीनत्व या दोन विषयांचा सविस्तर ऊहापोह करणारे लेख या पुस्तकात आपल्याला वाचायला मिळणार आहेत. भारताचा हजारो वर्षांचा गौरवशाली इतिहास, अलीकडची काही शतके परकीयांची आक्रमणे झाल्याने जणू पुसला गेला होता. त्याला उजाळा देणे, खरा इतिहास आपल्या पुढच्या पिढ्यांसाठी सविस्तर मांडणे फार गरजेचे आहे.

भारताच्या इतिहासाचे अतिप्राचीनत्व नाकारणाऱ्यांचा एक महत्त्वाचा मुद्दा 'शेतीची सुरुवात' हा असतो. सुमारे दहा हजार वर्षांपूर्वी शेतीची सुरुवात झाली, अशी त्यांची सर्वसाधारण समजूत आहे. त्यांच्या म्हणण्याप्रमाणे, माणूस एका ठिकाणी स्थायिक झाल्यानंतरच गावे, राज्य, साम्राज्ये, समृद्धी, रथ वगैरे वाहने वगैरे निर्माण होण्याची शक्यता आहे. शेती करण्यासाठी माणसाला त्याचे आधीचे भटके जीवन सोडून एका जागी स्थायिक व्हावे लागले असेल. शेवटचे हिमयुग १३,००० वर्षांपूर्वी झाले; त्याच्या आधी पद्धतशीर शेती वगैरे होत असण्याची शक्यताच नाही असे त्यांचे मानणे आहे.

याउलट, वस्तुस्थिती अशी आहे की वर्तमानकाळाच्या १२,८०० ते ११,६०० वर्षांपूर्वी Younger Dryas झाले; आणि त्या वेळी आपल्या पृथ्वीवरच्या कुठल्या भागावर परिणाम झाला होता त्याचा नकाशा बघितला, तर हे लक्षात येते की भारतीय

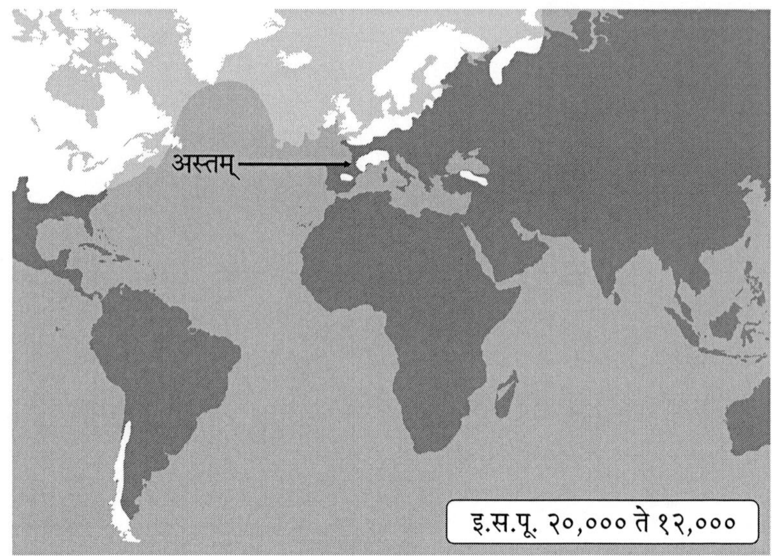

उपखंडावर त्याचा फार कमी परिणाम झाला होता. भारतीय उपखंडावर बर्फाचे आवरण नव्हते. भारतीय उपखंडात नद्या वाहत्या होत्या, जीवनव्यवहार सुरळीत चालू होते. म्हणूनच, 'हिमयुगामुळे भारतात त्यावेळपर्यंत शेती होऊच शकत नव्हती' हे विरोधकांचे गृहीतक योग्य ठरत नाही.

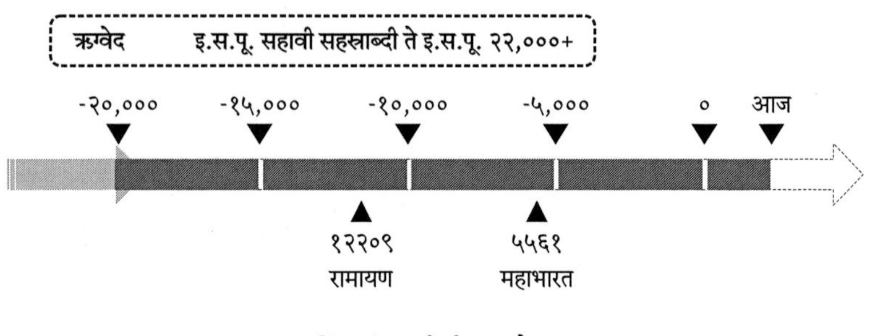

हिंदू संस्कृतीची कालरेषा

रामायण, महाभारत यात अनेक खगोलशास्त्रीय घटनांचे उल्लेख आले आहेत. खगोलशास्त्रीय पुरावे तर कोणी नाकारू शकत नाही. अशा खगोलशास्त्रीय पुराव्यांवरून भारतीय इतिहासाचे प्राचीनत्व सिद्ध झालेले आहे.

प्राचीन भारतीय ग्रंथांमधील नोंदी पाहता, प्राचीन भारतीयांना काय आणि किती ज्ञान होते याचे आश्चर्य वाटते. उदाहरणादाखल काही बाबी पाहू :

प्राचीन भारतीयांना ठाऊक होते... विश्वनिर्मिती सिद्धान्त

जगाची उत्पत्ती कशी झाली या गहन विषयावर गेली अनेक वर्षे आधुनिक शास्त्रज्ञ संशोधन करत आहेत. त्यांच्या दिमतीला आज दुर्बिणी, कृत्रिम उपग्रह, संगणक हजर आहेत; तरीही अजून जगाच्या उत्पत्तीचे रहस्य ठामपणे कोणीही सांगू शकलेले नाही. अत्याधुनिक साधनांच्या साहाय्याने आजच्या शास्त्रज्ञांनी विश्वाच्या उत्पत्तीविषयी 'बिग बॅंग थिअरी'सारखे जे सिद्धान्त मांडले आहेत, त्याच्याशी साधर्म्य दाखवणारे सिद्धान्त ऋग्वेदात सापडतात.

ऋग्वेदातील दहाव्या मंडलातील १२९ क्रमांकाचे सूक्त, जे 'नासदीय सूक्त' म्हणून सुपरिचित आहे, हे विश्वाच्या उत्पत्तीबद्दल ऊहापोह करणारे आहे.

पंधराव्या शतकात होऊन गेलेल्या सायणाचार्यांनी सूर्याच्या वेगासंदर्भातील, योजनानां शते द्वे द्वे या ऋचेवर भाष्य म्हणून हा श्लोक लिहिला आहे.

तरणिर्विश्वदर्शतो ज्योतिष्कृदसि सूर्य ।

विश्वमा भासि रोचनम् ॥

योजनानां शते द्वे द्वे शते द्वे च योजने ।

एकेन निमिषार्धेन क्रममाण नमोस्तुते ॥४॥

ऋग्वेद संहिता (१-५०-४)

अर्थ : हे सूर्या, तुझी गती शीघ्र असल्यामुळे तुझ्यापर्यंतचे अंतर कापणे अवघड आहे. एका निमिषार्धात (म्हणजे अध्या निमिषात) जो २२०२ योजने अंतर पार करतो, त्या सूर्याला माझा नमस्कार असो.

एका दिवसाचे १,७२,८०० निमिष होतात. याचा अर्थ एक निमिष म्हणजे अर्धा सेकंद.

एक योजन म्हणजे ३२००० यार्ड.

एक यार्ड म्हणजे ०.९१४४ मीटर.

ही मूल्ये गृहीत धरून गणित केल्यास प्रकाशाचा वेग येतो २.५८×१०^८ मीटर/सेकंद. हा वेग आधुनिक विज्ञानाने ठरवलेल्या प्रकाशाच्या वेगाच्या खूपच जवळ जातो. (आधुनिक विज्ञानानुसार प्रकाशाचा वेग ३×१०^८ मीटर/सेकंद)

प्राचीन भारतीयांना ठाऊक होता... जीवसृष्टीनिर्मितीचा प्रवास

पृथ्वीच्या गतेतिहासाबद्दलही सविस्तर विवेचन वसिष्ठांनी केले आहे. काकभुशुंडी नावाचे ऋषी (जे चिरंजीव समजले जातात) त्यांच्या व वसिष्ठांच्या संवादातून पुढील माहिती समजते. काकभुशुंडी सांगतात :

हे मुनिश्रेष्ठ,

- शिला व वृक्षविरहित, तृण-वेली न उगवलेल्या अशा पृथ्वीचे मला स्मरण आहे.

- अकरा हजार वर्षे ही भूमी भस्माच्या ढिगात बुडालेली होती हे मला स्मरते.

- चार युगांपर्यंत ही पृथ्वी पर्वतांनी आणि दाट वनांनी व्यापलेली होती. ज्यात कोणत्याही जीवाचा संचार नव्हता, अशा पृथ्वीला पाहिल्याचे मला स्मरते.

- दहा हजार वर्षे ही पृथ्वी मेलेल्या दैत्यांच्या हाडांच्या पर्वतप्राय राशींनी व्यापलेली अशी मी पाहिली आहे. (६५ दशलक्ष वर्षांपूर्वी डायनोसॉरचा अंत झाल्यावर पृथ्वी अशीच असण्याची शक्यता आहे)

आधुनिक विज्ञानाने पृथ्वीच्या उत्पत्तीपासून पृथ्वीची नाना रूपे आपल्या निदर्शनास आणून दिली आहेत. अगदी तसेच वर्णन पायरी-पायरीने काकभुशुंडी करत आहेत, असे नाही वाटत का?

प्राचीन भारतीयांना ठाऊक होते... धूमकेतू

हॅलेचा धूमकेतू हा आता सगळ्यांना परिचित आहे; तो ७६ वर्षांनी पुन्हापुन्हा येतो म्हणून. प्राचीन भारतीयांनीही धूमकेतूची निरीक्षणे केलेली आहेत. इतकेच नव्हे तर धूमकेतूंचे तीन प्रकार नोंदवले आहेत :

१.	भौम केतू (terrestrial)

२.	अंतरिक्ष केतू (atmospheric)

३.	दिव्य केतू (celestial)

सहाव्या शतकातील वराहमिहीर आणि त्याच्या थोड्या आधीच्या काळातील भद्रबाहू यांनी त्यांची धूमकेतूबद्दलची निरीक्षणे अनुक्रमे *ब्रह्मसंहिता* व *भद्रबाहुसंहिता* यात नोंदवली आहेत. भट्टोत्पलाने (इ.स. ९३७) बृहत्संहितेत धूमकेतूंची यादीच दिली आहे. ज्यात वेगवेगळ्या धूमकेतूंना वेगवेगळ्या ऋषींची नावे दिलेली आहेत. ठरावीक काळानंतर ते धूमकेतू परत येतात, यावर प्राचीन भारतीयांचा विश्वास होता :

परशुरामांसारखे काही म्हणतात, की १०१ धूमकेतू आहेत; गर्गांसारखे काही म्हणतात, की एकंदर १००० धूमकेतू आहेत; तर नारद असे म्हणतात, की एकच धूमकेतू आहे आणि तो पुन्हापुन्हा वेगळ्या ठिकाणी येतो.

प्राचीन भारतीयांना ठाऊक होते... पृथ्वीचे भ्रमण

आर्यभटीय या ग्रंथाचे लेखन आर्यभटाने वयाच्या तेविसाव्या वर्षी केले होते. हा पहिला खगोलशास्त्रीय ग्रंथ आहे. त्यात केवळ १२१ श्लोकांतून खगोलशास्त्राबद्दलचे अनमोल ज्ञान जगापुढे ठेवले आहे. त्यातील पुढील काही श्लोक आत्यंतिक महत्त्वाचे आहेत :

वृत्तभपञ्जरमध्ये कक्षापरिवेष्टितः खमध्यगतः।

मृज्जलशिखिवायुमयो भूगोलस्सर्वतोवृत्तः॥

गोलपाद, आर्यभटीय, प्रकरण ४, श्लोक क्रमांक ६

एका वर्तुळाकार कक्षेच्या केंद्रस्थानी अवकाशामध्ये पृथ्वीचा गोल विनाधार तरंगत आहे. पृथ्वी सर्व बाजूंनी गोलाकार असून ती पाणी, माती, अग्नी व हवा यांनी बनलेली आहे. (पाश्चात्त्य विज्ञानाला मात्र पृथ्वी गोल आहे ही गोष्ट मान्य करायला चौदावे शतक उजाडावे लागले.)

अनुलोमगतिर्नौस्थः पश्यत्यचलं विलोमगं यद्वत् ।

अचलानि भानि तद्वत् समपश्चिमगानि लङ्कायाम् ॥

गोलपाद, आर्यभटीय, प्रकरण ४, श्लोक क्रमांक ९

नौकेत बसून पुढे जाणाऱ्या व्यक्तीला ज्याप्रमाणे काठावरील स्थिर वस्तू मागे जाताना दिसतात, त्याप्रमाणे लंकेतील म्हणजे विषुववृत्तावरील व्यक्तीला आकाशातील स्थिर तारे पश्चिमेकडे जाताना दिसतात. (लंका विषुववृत्तावर आहे, असे आर्यभटाने गृहीत धरले आहे.)

पृथ्वी स्थिर आहे; आणि सूर्य व इतर ग्रह पश्चिम दिशेने जात असतात; असे पूर्वी समजले जात होते. त्याविरुद्ध पृथ्वी पश्चिमेकडून पूर्वेकडे फिरत असते; पण तारे

मात्र स्थिर आहेत. ही संकल्पना आर्यभटाने नव्याने मांडली. कोपर्निकसच्या (इ.स. १४७२ ते १५४२) हजार वर्षे अगोदर हा सिद्धान्त मांडणारा आर्यभट्ट हा पहिला खगोलशास्त्रज्ञ आहे.

प्राचीन भारतीयांना ठाऊक होते... पृथ्वी गोल आणि गुरुत्व बल

आकृष्टि शक्तिस्तु महीयत स्वस्थम् गुरू स्वाभिमुखम् स्वशक्त्या ।
आकृष्यते तत पततीव भाति समे समंतात वच पतत्ययं रवे ॥

भास्कराचार्य, सिद्धान्त शिरोमणी, १९-६

पृथ्वी आपल्या (गुरुत्वाकर्षीय) बलाने सर्व पदार्थांना आपल्याकडे आकृष्ट करते, त्यामुळे ते पृथ्वीवर पडताना दिसतात; परंतु अवकाशात एखाद्या पदार्थावर सर्व बाजूंनी समान बले कार्यरत असतील, तर तो खाली कसा पडेल?

भास्कराचार्यांनंतर पाच शतकांनी न्यूटनने (इ.स. १६४२ ते १७२७) त्याचा वैश्विक गुरुत्वाकर्षणाचा सिद्धान्त मांडला. न्यूटन आपल्या लक्षात आहे; दुर्दैवाने भास्कराचार्यांना मात्र आपण विसरलो.

योगवासिष्ठ हा ग्रंथ वाचताना आपल्या पृथ्वीबद्दल अंतरिक्षाबद्दल आणि एकंदर ब्रह्मांडाबद्दल आपल्या पूर्वजांनी मांडलेले विचार आणि केलेली निरीक्षणे किती सविस्तर व विचारपूर्वक होती याचे नवल वाटते. श्रीराम व महर्षी वसिष्ठ यांच्यातील प्रश्नोत्तरे म्हणजे हा ग्रंथ होय. एके ठिकाणी वसिष्ठ रामाला म्हणतात,

पिपिलिकानानां महतां व्योम्नि वर्तुललोष्टके ।
दशदिक्कमध: पादा: पृष्ठमुध्र्व मुदाहतम् ॥१२॥

योगवासिष्ठ, उत्पत्ती प्रकरण, सर्ग ३०

एखादा प्रचंड गोल अधांतरी धरला आहे व सहस्रावधी मुंग्या त्यावर वावरत आहेत, अशी कल्पना कर. प्रत्येक मुंगीच्या पायाकडचा भाग खालचा व पाठीकडला भाग वरचा. आता तो गोल कोणत्याही दिशेने कसाही फिरवला, तरी मुंग्या नेहमीच त्या गोलाला चिकटून राहतील, खाली पडणार नाहीत; ते केवळ त्या गोलाच्या म्हणजे पृथ्वीच्या आकर्षणामुळे. ब्रह्मांडामध्ये खाली- वर या शब्दांना अर्थ नाही असेही ते स्पष्ट सांगतात.

पृथ्वी गोल आहे आणि जे तिच्या पृष्ठभागावर आहेत त्यांना आकर्षून घ्यायची शक्ती तिच्यात आहे. ही दोन महत्त्वाची विधाने वसिष्ठ इथे करतात; तेही आधुनिक

विज्ञानाच्या कितीतरी आधी. हे फार फार महत्त्वाचे आहे. ते पुढे असेही म्हणतात -

प्रत्येकस्यांडगोलस्य स्थितः कटकरत्नवत ।

भूताकृष्टि करो भावः पार्थिवः स्वस्वभावातः ।।३२।।

भूगोलामधील स्वाभाविक आकर्षणशक्तीमुळे ही जलादी आवरणे (माती, पाणी, अग्नी, वायू, आकाश) भूगोलाला चिकटून राहिली आहेत.

याच्याइतके निखळ शास्त्रीय विवेचन आपल्या प्राचीन ग्रंथांत येते आणि दुर्दैवाने त्याकडे आपण दुर्लक्ष करतो.

प्राचीन भारतीयांना ठाऊक होते... ग्रहण

प्राचीन काळापासून जगातील अनेक संस्कृतींमध्ये सूर्यग्रहणाच्या व चंद्रग्रहणाच्या वेळी सूर्य-चंद्राना एखादा राक्षस गिळतो अशी समजूत प्रचलित होती. आपल्याकडेही सर्वसामान्यांची 'ग्रहणाच्या वेळी राहू चंद्र- सूर्य यांना गिळतो' हीच समजूत होती. आपल्या प्राचीन शास्त्रज्ञांना मात्र यातील रहस्य माहीत होते, असे संदर्भ सापडतात.

◆ आर्यभटाने आपल्या *आर्यभटीय* ग्रंथात असे स्पष्ट लिहिले आहे, की पृथ्वीची भली मोठी सावली चंद्रावर पडल्यामुळे चंद्रग्रहण होते; तर पृथ्वी व सूर्य यांच्यामध्ये चंद्र आल्यामुळे सूर्यग्रहण होते.

◆ इ.स. ७००मध्ये दशपुरा येथे राहणाऱ्या 'लल्ल' नावाच्या शास्त्रज्ञाने ग्रहणे होण्याची नेमकी कारणे सांगून; राहू, सूर्य चंद्रांना गिळतो ही बहुजनांची समजूत खोडून काढली होती.

प्राचीन भारतीयांना ठाऊक होते... शून्य, अनंत, सम-विषम संख्या

शून्य ही संकल्पना भारताकडून जगाला मिळालेली अनमोल देणगी आहे, हे आता जगन्मान्य आहे. यजुर्वेदाच्या अठराव्या मंडलातील एकोणिसाव्या सूक्ताच्या श्लोक क्रमांक २४मध्ये विषम संख्या, आणि श्लोक क्रमांक २५मध्ये समसंख्या नमूद केल्या आहेत. या श्लोकांचे स्वरूप विविध यज्ञ आणि देवतांच्या स्तुतीसाठी आहे. यात वेदांच्यामध्ये गणितीय तत्त्वे आणि त्यांच्या आध्यात्मिक संदर्भांचा समावेश दिसून येतो.

यजुर्वेद १८-१९-२४

ॐ एक च मे, त्रयश्च मे, पंच च मे, सप्त च मे, नव च मे, एकादश च मे ।

त्रयोदश च मे, पंचदश च मे, सप्त दश च मे, नवदश च मे, एकविंशतिश्च मे ॥
माझ्यासाठी एक आहे, तीन आहेत, पाच, सात, नऊ, अकरा, तेरा, पंधरा, सतरा, एकोणीस आणि एकवीस आहेत.

यजुर्वेद १८-१९-२५ :

द्वे च मे, चत्वारि च मे, पंच च मे, षट् च मे, अष्ट च मे, दश च मे ।
द्वादश च मे, चतुर्दश च मे, षोडश च मे, अष्टादशा च मे, विंशातिश्च मे ॥
माझ्यासाठी दोन आहेत, चार आहेत, सहा, आठ, दहा, बारा, चौदा, सोळा, अठरा आणि वीस आहेत.

या श्लोकांमध्ये सम (२, ४, ६ ...) आणि विषम (१, ३, ५...) अशा दोन्ही प्रकारच्या संख्यांचा उल्लेख आहे. या क्रमांकांचा उपयोग विविध यज्ञकर्मे, मंत्रोच्चार आणि आध्यात्मिक प्रक्रियांसाठी केलेला आहे. सम व विषम संख्या सृष्टीतील संतुलन आणि विविधतेचे प्रतीक आहेत. वेदांमध्ये संख्या तत्त्वज्ञान केवळ गणितापुरते मर्यादित नाही, तर त्यांना आध्यात्मिक महत्त्व दिले गेले आहे.

'गणितातील शून्य व अनंत (Infinity) या संकल्पनांचा अर्थ प्राचीन भारतीयांना जेवढा नि:संदिग्धपणे समजला होता, तेवढाच संदिग्धपणे त्याचा अर्थ पाश्चात्त्यांना समजला आहे,' असे ए. एल. बॅशाम त्यांच्या *The Wonder That Was India* या पुस्तकात पृष्ठ क्रमांक २०वर लिहितात. ते पुढे म्हणतात, 'भास्कराचार्य दुसरे यांनी 'इन्फिनिटी ÷ एक्स = इन्फिनिटी' हे गणिती सूत्र दिले आहे.' ईशावास्य उपनिषदाच्या, ॐ *पूर्णमदः पूर्णमिदं पूर्णात् पूर्णमुदच्यते पूर्णस्य पूर्णमादाय पूर्णमेवावशिष्यते ।* या श्लोकाचा अर्थ Infinity however devided, remains infinite असा आहे. हे विवेचन डॉ. पी. प्रियदर्शी यांच्या India's Contribution to the West या पुस्तकात आले आहे.

प्राचीन भारतीयांना ठाऊक होते... त्रिकोणमितीचे सिद्धान्त

त्रिकोणमिती हीसुद्धा भारताचीच निर्मिती आहे. *सूर्यसिद्धान्त, पंचशील सिद्धान्त, महाभास्करीय सिद्धान्त, ब्रह्मस्फुट सिद्धान्त* इत्यादी ग्रंथांत त्रिकोणमितीतील सूत्रे-तक्ते इत्यादी दिलेले आहेत.

प्राचीन वैदिक गणितातील 'शुल्ब (सुल्व) सूत्र' : बौद्धायन, कात्यायन, आपस्तम्ब, मानव या विद्वानांनी त्रिकोणमितीचे सिद्धान्त सांगणाऱ्या सुल्व सूत्रांची निर्मिती केली. हे सूत्र पुढीलप्रमाणे :

दीर्घ चतुरस्याक्षणया रज्जूः पार्श्वमानी तिर्यकमानी च
यत्पृथग्भूते कुरुतस्तदुभयं करोति ।।

उरलेल्या दोन्ही भुजा परस्परांना लंबरूप असतात. काटकोन त्रिकोणात काटकोनासमोरील बाजूवर काढलेल्या चौरसाचे क्षेत्रफळ हे उरलेल्या दोन बाजूंवर काढलेल्या चौरसांच्या क्षेत्रफळांच्या बेरजेएवढे असते.

अक्षणयारज्जू : diagonal. चतुरश्र : काटकोन त्रिकोण; पार्श्वमानी : पाठीमागची उभी रेषा; तिर्यग्मानी : खालची तिरपी होणारी रेषा

युक्लिडीयन भूमितीमधील 'पायथागोरसचा सिद्धान्त' केवळ काटकोन त्रिकोणालाच लागू होतो. हा सिद्धान्त सर्वप्रथम पायथागोरस या गणितज्ञाने मांडला असे मानले जाते. पायथागोरसचा सिद्धान्त एका ओळीत सांगायचा झाल्यास 'काटकोन त्रिकोणाच्या दोन बाजूंच्या वर्गांची बेरीज कर्णाच्या वर्गाबरोबर असते.' ($AC^२=AB^२+BC^२$)

'पायथागोरसच्या कितीतरी वर्षे आधी हे सूत्र आपस्तम्ब याने दिले आहे,' असे पाश्चात्त्य इंडोलॉजिस्ट लिओपोल्ड व्हान श्रोडर (Leopold von Schroeder) यांनी आपल्या Pythagoras und die Inder (Pythagoras and the Indians) या पुस्तकात नोंदवले आहे.

असे असंख्य उल्लेख प्राचीन वाङ्मयात सापडतात. आपल्या पूर्वजांचे ज्ञान किती गहन होते, हे यावरून समजते.

आपला अतिप्राचीन इतिहास कसा सांभाळला गेला, याची तीन मुख्य साधने आहेत :

१. **भाषा** : काळाच्या ओघात न बदलणारी भाषा; अर्थात संस्कृत. (ऋग्वेदातील संस्कृत थोडे वेगळे आहे; कारण ऋग्वेदनिर्मितीचा काळ अतिप्राचीन आहे, जवळजवळ इ.स.पू. २१०००.)

२. **काळाचा शिक्का** : भाषेबरोबरच इतिहासाला काळाचा शिक्का (Time Stamp) लागतो; म्हणजे इतिहासात अमुक एक घटना केव्हा घडली ते जाणण्यासाठी ठोस पुरावा लागतो. तो पुरावा खगोलशास्त्राइतका ठामपणे कोणीच देऊ शकत नाही. आकाशातील ग्रह-ताऱ्यांच्या स्थितीच्या त्या त्या काळातल्या नोंदींवरून तो काळ ठरवता येतो. खगोल हाच काळ आहे; जसे इंग्लिशमध्ये म्हणतात - Astronomy is time.

३. **इतिहास पुढच्या पिढीपर्यंत पोहोचवायचा मार्ग :** आतापर्यंतचा इतिहास पुढच्या पिढीपर्यंत पोहोचवायचा मार्ग काय आहे? प्राचीन काळापासून आपल्याकडे असलेली मौखिक ज्ञान देण्याची गुरु-शिष्य परंपरा अजूनही काही प्रमाणात शिल्लक आहे, त्याचा उपयोग करून घेता येतो. शिवाय काही ग्रंथ आणि त्यांच्या संशोधित आवृत्ती उपलब्ध आहेत.

या तीन बाबींमुळे आपल्या इतिहासाचे जतन झाले आहे.

'रामायण, महाभारत खरेच घडले होते का?' असे विचारणारी काही मंडळी अजूनही आहेत. हा प्रश्न ऐकला की मोठे नवल वाटते. आपल्या पूर्वजांनी अतिप्राचीन काळापासून एवढे मोठे ग्रंथभांडार आपल्यासाठी ठेवले आहे, त्या ग्रंथांवर आपला विश्वास बसत नाही; पण आपल्या देशावर आक्रमण करणारे, देशाला सर्व तऱ्हांनी लुटणारे परकीय जे म्हणतात, त्यावर मात्र आपला लगेच विश्वास बसतो.

प्राचीन भारतीय अभ्यासकांनी वेगवेगळ्या ग्रंथांत ज्या असंख्य खगोलशास्त्रीय नोंदी करून ठेवल्या आहेत, त्या नसत्या तर आपण जगासमोर भारताच्या इतिहासाचे प्राचीनत्व सिद्ध करू शकलो नसतो. आपल्या देशाला हजारो वर्षांची समृद्ध सांस्कृतिक परंपरा लाभलेली आहे. रामायण, महाभारत आणि आपले वेद- विशेषतः ऋग्वेद- अशा अनेक प्राचीन ग्रंथांमध्ये खगोलशास्त्रीय घटनांच्या विविध नोंदी आहेत, त्यावरून आपल्याला रामायण-महाभारताचा काळ ठरवता येतो.

कसे ते पुढील प्रकरणांतून समजून घेऊ.

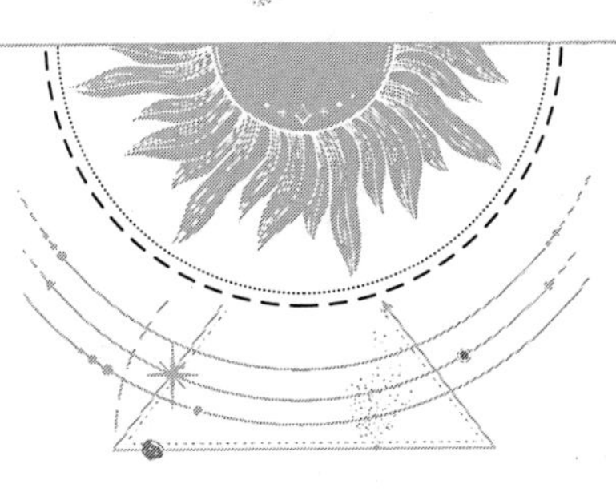

प्राचीन भारतीय कालगणना

आपण आकाशात बघतो तेव्हा आपल्याला आकाशात असंख्य तारका कुठेही, कशाही इतस्ततः पसरल्यासारख्या दिसतात. पण रोजच्या रोज, महिनोन्महिने निरीक्षण करू लागतो, तेव्हा आपल्या लक्षात येते की, आकाशात असलेले तारे कसे तरी पसरलेले नसून ते विशिष्ट आकारात, ठरावीक वेळात ठरावीक जागी दिसतात.

प्राचीन काळापासून मानवाने हे निरीक्षण करताना या तारकासमूहांना वेगवेगळ्या प्राण्यांची किंवा पृथ्वीवरील परिचित गोष्टींची नावे दिली आहेत. यामुळे निरीक्षण करताना त्यांना ओळखणे सोपे जाते. जगभरातील शास्त्रज्ञ आकाशनिरीक्षण करण्यासाठी जे स्टार चार्ट वापरतात, त्यांत अधिकृतरीत्या ८८ तारकासमूहांना मान्यता दिली आहे.

भारतीय संस्कृतीची प्राचीनता समजून घेण्यासाठी आपल्याला आधी भारतीय कालगणना पद्धती समजून घ्यावी लागेल. त्यासाठी खगोलशास्त्रातील काही मूलभूत संकल्पनांचा परिचय थोडक्यात करून घेऊ :

◆ पृथ्वीला *भूगोल* म्हणतात. अवकाश, म्हणजे ज्यात ग्रह, तारे आहेत ते गोलाकार (स्फेरिकल) नाही; पण काही खगोलीय कारणांसाठी (उदाहरणार्थ, ताऱ्यांची अंतरे मोजणे, सूर्याचे स्थान जाणून घेणे) हेतुपुरस्सर गोलाकार अवकाशाची कल्पना केली जाते. कल्पना अशी की, पृथ्वी केंद्रस्थानी आहे आणि त्या भोवती एक भव्य गोलाकार आहे, ज्यावर ग्रह-तारे आहेत.

- पृथ्वी म्हणजे भूगोल
- पृथ्वीबाहेरचा गोल म्हणजे भ-गोल
- पृथ्वीवरच्या निरीक्षकाला अवकाशाचा जो भाग दिसतो तो *खगोल*.

◆ पृथ्वीचे विषुववृत्त दोन्ही बाजूंनी बाहेरच्या बाजूस वाढवले असता बाहेरच्या गोलाला जिथे स्पर्श करेल, तिथे म्हणजे भ-गोलावर एक वर्तुळाकार मार्ग तयार होईल ते म्हणजे भ-गोलाचे विषुववृत्त अर्थात वैषुविक वृत्त (Celestial Equator).

◆ या वैषुविक वृत्ताशी २३.५°च्या कोनामधून जाणाऱ्या वृत्ताला *आयनिक वृत्त* (Ecliptic Equator) म्हणतात. आयनिक वृत्त म्हणजे खगोलातील नक्षत्रांमधून जाण्याचा सूर्याचा भासमान मार्ग. चंद्र, सूर्य आणि सर्व ग्रह या आयनिक वृत्तावरून पूर्वेकडून पश्चिमेकडे प्रवास करतात, असे भासते.

◆ पृथ्वीला तीन प्रकारच्या गती आहेत : पृथ्वी स्वतःभोवती फिरते ती पहिली 'परिवलन'. पृथ्वी सूर्याभोवती फिरते ती दुसरी 'परिभ्रमण'. पृथ्वीचा अक्ष

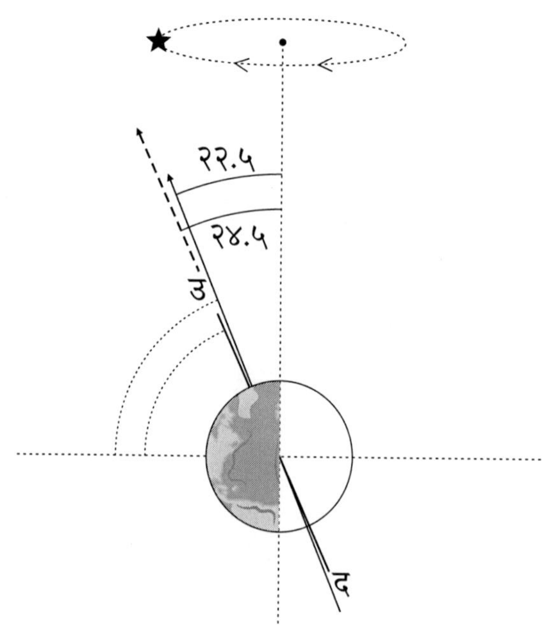

सूर्यसापेक्ष कललेला आहे; त्या कललेल्या अक्षाची गती म्हणजे तिसरी गती 'परांचन'. कुठल्याही गोलाचा त्याच्या कक्षेशी कललेला आस भोवऱ्यासारखा फिरतो, त्याला परांचन (precession) म्हणतात. पृथ्वी तिच्या अक्षावर एखाद्या भोवऱ्यासारखी फिरते. त्यामुळे तिचा अक्षही गोल फिरतो. त्या कललेल्या अक्षाची गती ती परांचन गती.

◆ पृथ्वीची एक परिक्रमा (म्हणजे एक वर्तुळ) पूर्ण व्हायला जेवढा काळ लागतो, त्याला 'संपात चलन' (Precession of the Earth's Axis / Equinoxes) असे म्हणतात.

◆ आयनिक वृत्ताची पातळी वैषुविक वृत्ताच्या पातळीशी २३.५°चा कोन करते. ज्या दोन बिंदूंशी ही दोन्ही वृत्ते एकमेकांना छेदतात, त्यांना *संपात बिंदू* (Equinoxes) असे म्हणतात.

◆ सूर्य वर्षातून दोनदा या बिंदूंशी येतो. सूर्य २० किंवा २१ मार्च रोजी ज्या बिंदूशी येतो त्याला *वसंत संपात* (Vernal Equinox) म्हणतात. तर दुसऱ्यांदा, सूर्य २३ सप्टेंबर रोजी ज्या बिंदूशी येतो, त्याला *शरद संपात* (Autumnal

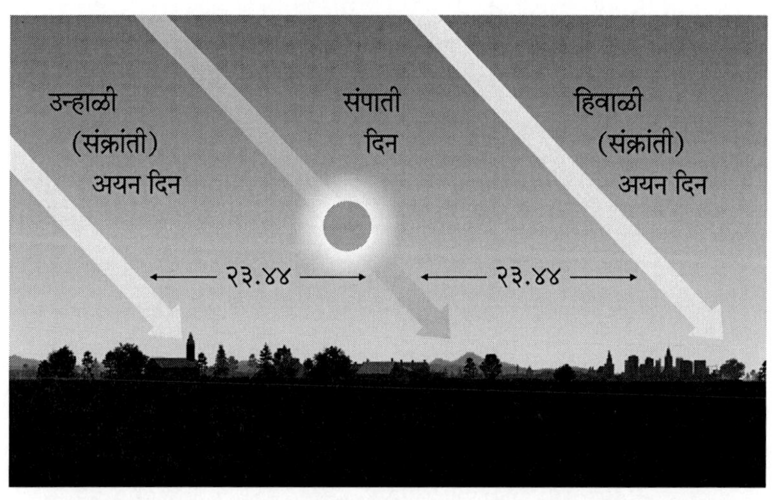

उन्हाळी अयन दिन : सूर्य पश्चिम दिशेपासून दूर दक्षिण दिशेजवळ मावळतो.
हिवाळी अयन दिन : सूर्य पश्चिम दिशेपासून दूर उत्तर दिशेजवळ मावळतो.
संपातदिनी सूर्य बरोबर पश्चिमेला मावळतो. सूर्य बरोबर विषुववृत्तावर असतो.
शरद संपात आणि वसंत संपात.

Equinox) असे म्हणतात. या दोन्ही दिवशी दिवस व रात्र सारखे म्हणजे प्रत्येकी १२ तासांचे असतात.

◆ वसंत संपात बिंदूला राशी चक्राचा आरंभ बिंदू मानतात. मेष राशीची सुरुवात या बिंदूपासून होते. संपात बिंदू मागे सरकला, की आरंभ बिंदू वेगळ्या राशीत येणार.

◆ दर वर्षाच्या संपातदिनी सूर्य सतत एका ठरावीक नक्षत्रात असतो असे नाही. असे होण्याचे कारण पृथ्वीची परांचन गती. सूर्य आयनिक वृत्तातून ज्या दिशेने जातो, त्याच्या उलट दिशेने संपातबिंदू मागे सरकत असल्याचे आढळून आले आहे.

◆ संपात चलनाचा काळ असतो २६,००० वर्षे इतका. त्याला ३६०ने भागले तर उत्तर येते ७२.२२. आपल्या पृथ्वीचा आस दर ७२ वर्षांनी १° (एक अंश) ढळतो. त्या गतीमुळे दर ७२ वर्षांनी 'वसंत संपात' आणि म्हणून 'उत्तरायण प्रारंभ' एका अंशातून मागे सरकतो.

◆ एखादा फिरणारा भोवरा त्याचा वेग संपत आला की फिरताना त्याचा अक्ष जसा दिसतो तसा पृथ्वीचा अक्ष फिरतो. तो अक्ष जी दिशा दाखवेल तिथे असणारा तारा काही काळ आपला ध्रुव तारा असतो. त्या अक्षाची एक फेरी पूर्ण व्हायला २६००० वर्षे लागतात. अक्षाच्या गतीमुळे ध्रुव तारा बदलतो.

हिंदू धर्मशास्त्रात काळासंबंधी जितका विचार झाला आहे तितका जगाच्या पाठीवर कुठल्याही संस्कृतीत झाला नसावा. मुळातच आपण 'कालचक्र' हा शब्दप्रयोग करतो, म्हणजे घटनांची पुनरावृत्ती होत काळ पुढे जातो हे आपण गृहीत धरतो. कालचक्र चार युगांचे बनलेले आहे असे आपण मानतो. सत्य, त्रेता, द्वापार आणि कलियुग ही चार युगे. त्यांची कालमर्यादाही ठरलेली आहे.

◆ कलियुगाचा काळ ४,३२,००० वर्षे
◆ द्वापरयुगाचा काळ कलियुगाच्या दुप्पट म्हणजे ८,६४,००० वर्षे
◆ त्रेतायुगाचा काळ कलियुगाच्या तिप्पट म्हणजे १२,९६,००० वर्षे
◆ सत्ययुगाचा काळ कलियुगाच्या चौपट म्हणजे १७,२८,००० वर्षे
◆ अशी चार युगे मिळून एक महायुग म्हणजे ४३,२०,००० वर्षे.

पृथ्वीवरील सूक्ष्म जीवसृष्टीपासून माणसापर्यंतची उत्क्रांती व्हायला एक महायुग लागले.

◆ अशी ७१ महायुगे + एक सत्य युग = ३०,८४,४८००० वर्षे म्हणजे एक मन्वंतर. आकाशगंगेच्या केंद्राभोवती एक भ्रमण पूर्ण करण्यास आपल्या सूर्याला एक मन्वंतर लागते.

◆ अशी १४ मन्वंतरे + १ सत्ययुग = ४३२,००,००,००० वर्षे म्हणजे एक कल्प (म्हणजेच १००० महायुगे), हे आपल्या विश्वाचे सध्याचे वय आहे.

◆ असे दोन कल्प = ब्रह्मदेवाचा एक दिवस; म्हणजे ८६४ कोटी वर्षे. ब्रह्मदेवाच्या एका दिवसाच्या कालावधीत या विश्वाची उत्पत्ती होऊन उत्क्रांतीपर्यंतचा प्रवास पूर्ण होतो आणि ब्रह्मदेवाच्या एका रात्रीत या सर्व विश्वाचा नाश होतो. परत दुसऱ्या दिवशी उत्पत्तीपासून सुरुवात होते; असे हे कालचक्र फिरत राहते.

ही कालगणना खगोलशास्त्रीय गणिते-निरीक्षणे यांच्यासाठी आहे. त्याचा ऐतिहासिक कालमापनाशी काहीही संबंध नाही.

चांद्र वर्ष –सौर वर्ष

भारतीय दिनदर्शिका ही फार पूर्वीपासून निश्चितपणे चांद्र-सौर आहे. त्यात काही प्रांतीय फरक आहेत. त्या सूक्ष्म भेदांत न जाता, काही मूलभूत बाबी समजून घेऊ.

◆ भारतीय दिनदर्शिकेचे मूळ एकक चांद्र-दिवस (तिथी) आहे. चंद्र आणि सूर्य यांच्यातील रेखांशचा कोन १२°नी वाढण्यास लागणारा वेळ म्हणजे एक तिथी. तिथी दिवसाच्या कोणत्याही वेळेस सुरू होते. तसेच तिचा कालावधी १९ ते २६ तासांदरम्यान असतो.

◆ चंद्र दररोज वेगळ्या वेळी आणि वेगळ्या ताऱ्यांच्या पार्श्वभूगीवर उगवतो. त्याच ताऱ्यांच्या पार्श्वभूमीवर परत यायला चंद्राला २७ दिवस लागतात. म्हणून प्राचीन काळातील अभ्यासकांनी चंद्रभ्रमणाच्या ३६०°च्या गोलाकार मार्गाचे २७ भाग केले.

◆ प्रत्येक भाग वेगळा ओळखता येण्यासाठी प्रत्येक भागाला एक नाव दिले. जसे अश्विनी, भरणी, कृत्तिका, रोहिणी इत्यादी. त्या भागातील महत्त्वाच्या आणि

सर्वांत तेजस्वी ताऱ्याचे नाव त्या भागाला दिले. त्यांनाच नक्षत्र म्हणतात. (या २७ भागांना चंद्रपत्नी मानले गेले आहे.)

◆ काही वेळा तारकासमूहाला त्या नक्षत्राचे नाव दिले, तर काही वेळा एकाच योग ताऱ्याचे नाव आहे. उदाहरणार्थ, स्वाती, चित्रा हे मुख्य तारे आहेत; तर कृत्तिका, पुष्य, हस्त, आश्लेषा हे तारकासमूह आहेत.

◆ **उत्तरायण आणि दक्षिणायन**

पृथ्वी कललेल्या अवस्थेमध्येच सूर्याभोवती फेरी मारत असल्याने काही वेळेस पृथ्वीचा उत्तर ध्रुवाकडील भाग सूर्याच्या जवळ येतो; तर सहा महिन्यांनी पृथ्वीच्या दक्षिणेकडील भाग सूर्याच्या जवळ येतो. पृथ्वीची जी बाजू सूर्याच्या जवळ असते, तिथे उन्हाळा; तर जी बाजू दूर असते, तिथे हिवाळा असतो. कमी-जास्त तापमानामुळे ऋतू होतात.

आपण जर दररोज सूर्याच्या उगवण्याच्या किंवा मावळण्याच्या जागेचे निरीक्षण केले, तर सूर्याची बदललेली जागा लक्षात येईल. जेव्हा पृथ्वीची उत्तर ध्रुवाकडील बाजू सूर्याच्या जवळ येते, तेव्हा सूर्य जास्तीत जास्त उत्तरेला सरकलेला असतो. २२ डिसेंबर ते २१ जून या काळात सूर्य उत्तरेला सरकतो. यालाच *उत्तरायण* असे म्हणतात. तर २२ जून ते २१ डिसेंबर या काळात तो दक्षिण दिशेला सरकतो. याला *दक्षिणायन* असे म्हणतात.

सत्तावीस नक्षत्रे

१. अश्विनी	१०. मघा	१९. मूळ
२. भरणी	११. पूर्वा फाल्गुनी	२०. पूर्वाषाढा
३. कृत्तिका	१२. उत्तरा फाल्गुनी	२१. उत्तराषाढा
४. रोहिणी	१३. हस्त	२२. श्रवण
५. मृगशीर्ष	१४. चित्रा	२३. धनिष्ठा
६. आर्द्रा	१५. स्वाती	२४. शततारका
७. पुनर्वसू	१६. विशाखा	२५. पूर्वा भाद्रपदा
८. पुष्य	१७. अनुराधा	२६. उत्तरा भाद्रपदा
९. आश्लेषा	१८. ज्येष्ठा	२७. रेवती

ठरावीक तारका समूह हे सूर्य-चंद्राच्या उगवण्याच्या आणि मावळण्याच्या मार्गावर आहेत. सूर्य ठरावीक काळानंतर एका तारकासमूहामधून दुसऱ्या तारकासमूहामध्ये जातो. सूर्याच्या या मार्गावर एकूण बारा तारकासमूह असल्याचे आढळून आले; या तारकासमूहांना नंतर राशी असे नाव देण्यात आले. या राशी पुढीलप्रमाणे :

१. मेष	५. सिंह	९. धनु
२. वृषभ	६. कन्या	१०. मकर
३. मिथुन	७. तूळ	११. कुंभ
४. कर्क	८. वृश्चिक	१२. मीन

राशी याच क्रमाने असतात. याच क्रमाने चंद्र एका नक्षत्रातून दुसऱ्या नक्षत्रात जातो. चंद्र ज्या नक्षत्रात असतो, ते त्या दिवसाचे नक्षत्र असते.

एका राशीत सव्वादोन नक्षत्रे येतात; दोन राशींत साडेचार, आठ राशींत १८ आणि बारा राशींत २७ नक्षत्रांची विभागणी बरोबर होते. कोणत्या राशीमध्ये कोणती नक्षत्रे हे ठरलेले असते.

नक्षत्रांमध्ये अश्विनी हे पहिले नक्षत्र आहे आणि राशींमध्ये मेष ही पहिली राशी आहे. त्यामुळे अश्विनी नक्षत्र व मेष राशीची सुरुवात एकाच बिंदूपासून होते. मेष राशीनंतर जसे वृषभ, मिथुनादी राशी ओळीने येतात, तशी नक्षत्रेही ठरलेल्या क्रमाने येतात.

◆ प्रत्येक नक्षत्रात चंद्राचा एक-एक दिवस मुक्काम असतो आणि चंद्राच्या त्या त्या दिवसाच्या passageला आपण तिथी म्हणतात.

- ◆ भारतीय चांद्र-सौर दिनदर्शिकेतील पुढचे एकक आहे चांद्र-मास. प्रत्येक चांद्र मासात ३० तिथी असतात.

१. अमावास्या (चंद्र न दिसणारा दिवस)	९. अष्टमी
२. प्रतिपदा	१०. नवमी
३. द्वितीया	११. दशमी
४. तृतीया	१२. एकादशी
५. चतुर्थी	१३. द्वादशी
६. पंचमी	१४. त्रयोदशी
७. षष्ठी	१५. चतुर्दशी
८. सप्तमी	१६. पौर्णिमा (पूर्ण चंद्र दिसणारा दिवस)

- ◆ याच तिथी चंद्रमासाच्या उत्तरार्धातही पुनरावर्तित होतात. प्रतिपदा, द्वितीया अशी सुरुवात होऊन अमावास्येला संपतात.

चांद्रमास

- ◆ चांद्रमासाचा कालावधी एका नवीन चंद्रापासून दुसऱ्यापर्यंत किंवा एका पौर्णिमेपासून दुसऱ्या पौर्णिमेपर्यंत किंवा अमावस्या ते अमावस्या असा असतो. एक चांद्रमास साडेएकोणतीस (२९.५) दिवसांचा ठरवला गेला.

- ◆ पौर्णिमेला ज्या नक्षत्राच्या आसपास चंद्र असतो, त्या नक्षत्रावरून चांद्रमासांची नावे ठेवण्यात आली. त्यामुळे महिन्याच्या नावावरून चंद्र व आकाशातील तारकांची स्थिती आपोआप समजते. जसे चैत्र महिन्यात चित्रा, तर वैशाख महिन्यात विशाखा नक्षत्राजवळ चंद्र असेल; किंवा पौर्णिमेचा चंद्र कुठल्या नक्षत्रात आहे, हे बघून कुठला हिंदू मास चालू आहे हे सांगता येईल.

चांद्रमासांची नावे

१. चैत्र	५. श्रावण	९. मार्गशीर्ष
२. वैशाख	६. भाद्रपद	१०. पौष
३. ज्येष्ठ	७. अश्विन	११. माघ
४. आषाढ	८. कार्तिक	१२. फाल्गुन

◆ भारतीय चांद्र-सौर दिनदर्शिका ही 'निरायण' स्वरूपाची आहे. 'एक निरायण वर्ष' म्हणजे सूर्याने क्रांतिवृत्तावरील एकाच ठरावीक बिंदूशी पुन्हा येणे. निरायण वर्षात बारा सौर महिने असतात.

◆ बारा चांद्रमास असलेले चांद्रवर्ष हे सौर निरायण वर्षापेक्षा कमी असते. म्हणून त्यात वेळोवेळी अधिक मास मिळवावा लागतो; ज्यामुळे दिनदर्शिका निरायण सौर वर्षाशी मिळतीजुळती होईल, तसेच सुसंगत राहील.

- चांद्रमासाची लांबी = २९.५ दिवस
- चांद्रवर्षाची लांबी = १२ x २९.५ = ३५४ दिवस
- सौरवर्षाची लांबी = ३६५.२४२२ ~ ३६५ दिवस
- सौरवर्ष आणि चांद्रवर्षातील फरक = ३६५ - ३५४ = ११ दिवस

चांद्रमासावर आधारलेले वर्षाचे दिवस व सौर वर्षाचे दिवस यामध्ये १०.८८४ दिवसांचा फरक पडतो. हा फरक सतत जमा होत राहिला, तर चांद्र महिन्यांचा ऋतूशी असलेला मेळ राहणार नाही. त्यामुळे ज्या वेळी हा फरक एका चांद्रमहिन्याएवढा (साधारण दर ३३ महिन्यांनंतर) होतो, त्या वर्षी नेहमीच्या बारा महिन्यांशिवाय एक अधिक महिना धरला जातो.

अधिक महिना धरल्यामुळे कालगणना सुव्यवस्थितपणे चालू राहिली. अधिक महिना धरण्याची कल्पना आपल्या प्राचीन कालगणना करणाऱ्या विद्वानांच्या तीव्र बुद्धिमत्तेची साक्ष देणारी आहे.

चांद्र तिथी अर्थात चांद्र दिन हे दिवसाच्या मापनाचे एकक असले; तसेच महिन्याच्या मापनाचे एकक चांद्र मास असले, तरी हंगाम / ऋतू सौर वर्षाने ठरवले जात. शेतीप्रधान संस्कृतीत चांद्र आणि सौर मास सुसंगत ठेवण्याचे महत्त्व अगदी उघड आहे. चांद्र दिवस/मास सौर वर्षाशी समक्रमित करणे, हे पिकांच्या लावणी आणि कापणीसाठी निर्णायक ठरते.

सण-उत्सव साजरे करणे, यज्ञ करणे, दरवर्षी ठरावीक दिवशी ठरावीक उपचार निष्ठापूर्वक करणे, हे सर्व तत्कालीन समाज एकत्र येण्यासाठी आणि अनौपचारिक समाजशिक्षणासाठी आवश्यक होते. दिनदर्शिकेचे पालन त्याच हेतूने केले जात होते.

चांद्रमासाचा ऋतू बदलतो :

पौर्णिमेचा चंद्र सूर्याच्या बरोबर विरुद्ध दिशेला असलेल्या नक्षत्रात असणार. त्या नक्षत्रावरून आपल्याला चांद्रमास समजतो. पौर्णिमेचा चंद्र चित्रा नक्षत्राजवळ असेल, तर तो महिना चैत्र असतो. सूर्याचे नक्षत्र बदलले, की चंद्राचेही बदलते.

कालमापनाच्या अनेक पद्धतींची माहिती भारतीय खगोलशास्त्रात आढळते. श्रीमद्भागवत पुराण, स्कंध ३, अध्याय ११, श्लोक १-१४ यांमध्ये सांगितलेली कालमापनाची पद्धत पुढीलप्रमाणे :

- एक अहोरात्र (दिवस आणि रात्र) = आठ प्रहर = २४ तास
- १ अह = १ रात्र = ४ प्रहर = १२ तास
- ६ किंवा ७ नाडिका दण्ड = १ प्रहर = ३ तास
- २ नाडिका (दण्ड) = १ मुहूर्त = ६० मिनिटे
- १५ लघु = १ नाडिका = ३० मिनिटे
- १५ काष्ठ = १ लघु = २ मिनिटे
- ५ क्षण = १ काष्ठ = ८ सेकंद
- ३ निमिष = १ क्षण = १.६ सेकंद
- ३ लव = १ निमिष = ०.५३ सेकंद
- ३ वेध = १ लव = ०.१७ सेकंद

- ◆ १०० त्रुटी = १ वेध = ०.५६ सेकंद
- ◆ ३ त्रसरेणु = १ त्रुटी = ०.०००५६ से.
- ◆ ३ अणू = १ त्रसरेणू = ०.०००१९ से.
- ◆ २ परमाणू = १ अणू = ०.००००६३ से.
- ◆ १ परमाणू = ०.०००००३२ से.

या कालमापनात १ मुहूर्त = ६० मिनिटे, १ तास = १ होरा असा संदर्भ येतो. (होरा हा शब्द अहोरात्र या शब्दातील मधला भाग घेऊन (अ आणि त्र वगळून) बनवला आहे.) 'होरा' म्हटलेल्या २४ भागांत केलेल्या विभागणीची ही कालमापन पद्धती, खगोलशास्त्र आणि आठवडा दिवसांच्या प्रमेयाच्या संदर्भात सुसंगत वाटते. (खगोलशास्त्रीय कामांसाठी कालमापनाचे वेगळे एकक वापरले जातात, हे आपण मागे पाहिलेच आहे.)

६ किंवा ७ नाडिका म्हणजे १ प्रहर. याचाच अर्थ, २४ नाडिका म्हणजे १ अह (अर्थात एक प्रकाशमय दिवस). कालमापनातील हा लवचीकपणा, ऋतूंमधील बदलानुसार दिवस आणि रात्र यांची वेळ १२ ते १४ तास अशी बदलती असण्याचा परिणाम असावा.

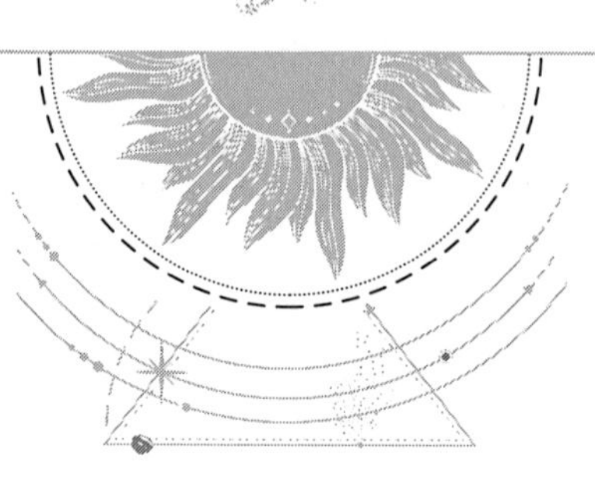

महाभारत काळ निश्चिती

महाभारत-रामायणात व्यास-वाल्मिकींनी शब्दकोड्यासारखी कोडी घातली आहेत. वैशंपायन म्हणतात, *ग्रथितम् ग्रंथी तदा चक्रे मुनिर्गूढं कुतूहलात् ।* अर्थात, महाभारत हा ग्रंथ कुतूहलाने, रोमांचक गोष्टींनी भरलेला आहे; आणि त्यात त्यांनी काही कोड्यासारख्या गाठी मारून ठेवल्या आहेत.

सप्तर्षी आणि अरुंधती

आपल्या सगळ्यांना सप्तर्षी माहीत आहे. सप्तर्षी तारकासमूहात चार ताऱ्यांचा एक चौकोन आणि त्याला तीन तारे असलेली शेपूट आहे. त्या तीन ताऱ्यांच्या मधला तारा म्हणजे वसिष्ठ आणि त्याच्या अगदी जवळ असलेला एक छोटा तारा म्हणजे अरुंधती आहे. ध्रुव ताऱ्याभोवती हे सप्तर्षी घड्याळ्याच्या काट्यांच्या विरुद्ध दिशेने (anticlockwise) फिरतात; त्यात वसिष्ठ पुढे आणि मागून अरुंधती जाते.

मात्र, महाभारत युद्धाच्या एक दिवस आधीचे वर्णन करताना महर्षी व्यास सांगतात, 'अरुंधती वसिष्ठांच्या पुढे जाते आहे.'

अरुंधती तयाप्येष वसिष्ठः पृष्ठतः कृतः।

(भीष्मपर्व, अध्याय २, श्लोक ३१)

अर्थात, अरुंधती आपल्या पतीला वसिष्ठांना आपल्या पाठी म्हणजे पाठीमागून घेऊन चालली आहे.

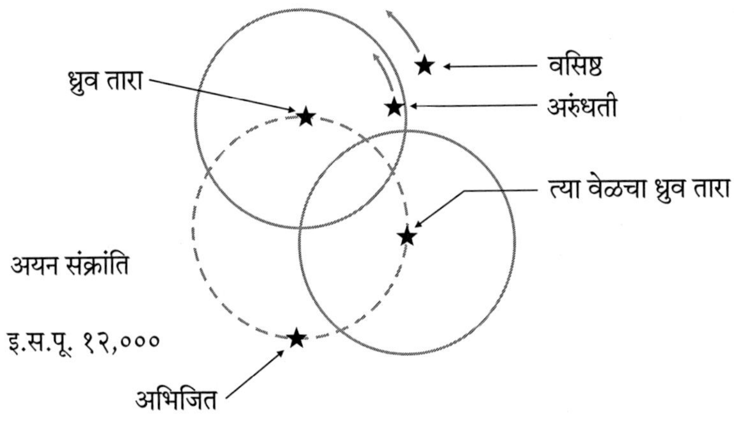

आताच्या काळात अशी स्थिती नाही; त्याच्या आधीच्या काळातही नव्हती. हे कोडे खगोलशास्त्रीय गणिताने सोडवले, तर त्याचे उत्तर येते की, महाभारताचा काळ ६,५०० वर्षांपूर्वीचा आहे हे नक्की!

भारतीय पंचांगाप्रमाणे सूर्य आणि चंद्र यांची गती, तिथी, नक्षत्रे, महिना, संपात गती, ग्रहांची स्थाने यावरून इतिहासाची नोंद करता येते. हे भगवान वाल्मिकींनी केले, तसेच भगवान व्यासांनीही केले. नक्षत्राची व्याख्या आहे, *न क्षरति इति नक्षत्र:* म्हणजे जागा न बदलणारी अशी ती नक्षत्रे. पण आपल्या ऋषी-मुनींनी खगोलाचा अभ्यास अतिप्राचीन काळापासून केला आहे. इतका की नक्षत्रेही आपली स्थाने बदलतात हे त्यांनी सांगितले आणि त्यांच्या बदललेल्या जागांचीही त्यांनी नोंद ठेवलेली आहे. तेव्हा भारतीय संस्कृतीची प्राचीनता आपल्या ध्यानात येते.

महाभारत काळाचे कोडे उलगडण्यासाठी 'अभिजिताचे पतन' आणि 'अरुंधतीचे युग' या दोन खगोलशास्त्रीय घटनांची मदत होते. महाभारतात ग्रहांची आणि ग्रहस्थितीची सुमारे ५० वर्णने आहेत. आपल्याला दिसणारे ग्रह म्हणजे मंगळ, शुक्र, गुरू, शनी आणि बुध. एकट्या मंगळ ग्रहाच्या आठ नोंदी महाभारतात आहेत. फक्त मंगळाच्या स्थितीचे पुरावे बघितले, तरी तोच काळ, तेच साल येते आणि ते म्हणजे इ.स.पू. ५५६१.

मंगळ या ग्रहाला अंगारक, धरापुत्र, लोहितांग अशी अनेक नावे आहेत.

मघा स्वंगारको वक्रः श्रवणेच बृहस्पतिः ।

कृत्वा चांगारको वक्र ज्येष्ठाया मधुसूदना ।

अनुराधा प्रार्थयते मैत्रं संशयमन्निव ।।

ध्रुवम् प्रज्वलितम् घोरं अपसव्य प्रवर्तते ।

चित्रा स्वात्यंतरेचैव धिष्ठितः परुषः ग्रह ।।

वक्रानुवक्र कृत्वश्च श्रवणे पावकः प्रभः ।

ब्रह्मराशी समावृत्त लोहितांगो व्यवस्थितः ।।

महाभारत, भीष्मपर्व, अध्याय ३

अर्थात, मघा नक्षत्राजवळ मंगळ वक्र गेला, श्रवण नक्षत्राजवळ गुरू वक्र गेला. तो एकदाच नाही, तर अनेक वेळा वक्री गेला. मंगळ ज्येष्ठा आणि अनुराधा यांच्याजवळ वक्री जातो आहे. हाच मंगळ पुढे स्वाती आणि चित्रा यांच्यामध्ये परत जातो, म्हणजे परत वक्री होतो (retrograde move). अत्यंत तेजस्वी असा तो ग्रह चित्रा आणि स्वाती नक्षत्रामध्ये परत उलट फिरला आहे. असा तो दोनदा वक्री झाला आहे. ब्रह्मराशी म्हणजे अभिजित तारा (जो रामायणाच्या काळात ध्रुव तारा होता; महाभारताच्या काळात ते एक नक्षत्र झाले आहे), आणि मंगळ एका वृत्तात आहेत.

महाभारत युद्धाच्या अठराव्या दिवशी युधिष्ठिर आणि शल्य यांच्यात युद्ध होत असताना युधिष्ठिराला समोर आकाशात भृगुसुनो म्हणजे शुक्र, धरापुत्र म्हणजे मंगळ आणि शशीजेन म्हणजे बुध हे तीन ग्रह दिसत आहेत, अशी नोंद आहे.

ग्रह वक्री होणे

ग्रह वक्री होणे (Retrograde Motion) म्हणजे काय ते समजून घेऊ. सर्वसाधारणपणे आपल्या सूर्यमालेतील ग्रह आपल्याला ताऱ्यांच्या पार्श्वभूमीवर पश्चिमेकडून पूर्वेकडे जाताना दिसतात. काही वेळा हे ग्रह चक्क पाठ फिरवून पूर्वेकडून पश्चिमेकडे जाताना दिसतात. यालाच ग्रह वक्री होणे असे म्हणतात.

सूर्य, चंद्र आणि ग्रह हे आयनिक वृत्तावरून मार्गक्रमण करत असतात. मात्र सूर्य आणि चंद्र एकाच विशिष्ट गतीने (steadily) जात नाहीत. कधी ते

सावकाश जाताहेत असे वाटते; मग थांबले आहेत आणि मग चक्क उलट्या दिशेने जायला लागले असे दिसते. आपण ग्रह पृथ्वीवरून कसे बघतो त्यावर ग्रहांचे वक्री होणे अवलंबून आहे.

ग्रहांची वक्री गती समजून घेण्यासाठी मंगळाचे उदाहरण पाहू. मंगळ हा बाह्यग्रह आहे. त्याची कक्षा पृथ्वीच्या सूर्याभोवती फिरण्याच्या कक्षेपेक्षा मोठी आहे. त्यामुळे होते असे की, पृथ्वीची सूर्याभोवतीची चक्कर मंगळाच्या सूर्याभोवती फिरण्याच्या वेळेपेक्षा कमी वेळात पूर्ण होते. जणू काही पृथ्वी ही मंगळापेक्षा जास्त वेगाने जाणारी एखादी गाडी आहे. जास्त वेगामुळे पृथ्वी मंगळाला मागे टाकून पुढे जाते. पुढे गेलेल्या पृथ्वीला पूर्वेकडे जाणारा मंगळ काही काळ थांबल्यासारखा वाटतो आणि मग नंतर पश्चिमेकडे जातो असे वाटते. त्यानंतर पृथ्वी जेव्हा मंगळाच्या पुढे जाते, तेव्हा मंगळ त्याच्या नेहमीच्या वाटेवरून पश्चिमेकडून पूर्वेकडे जायला लागला असे दिसते. खरे तर आहे सगळा आभासच. ग्रह ना फिरायचा थांबत, ना माघारी वळत. तो त्याच्या गतीने पुढेपुढेच जात असतो. त्याच्यापेक्षा वेगाने पुढे जाणाऱ्याला तो थांबला किंवा उलटा फिरला असल्याचे भास होतात.

आपल्या सूर्यमालेतील सर्व आतल्या आणि बाहेरच्या ग्रहांना वक्री गती असते, म्हणजे ते उलट जात आहेत असे भासते. एवढेच नाही, मंगळ आणि गुरूच्या मध्ये असलेल्या ॲस्टेरॉईड बेल्टमधल्या लघुग्रहांनाही वक्री गती असते. म्हणजे सगळ्या लघुग्रहांना नाही, पण काही डझनभर लघुग्रहांना वक्री गती आहे. त्यातल्या काहींना गुरूच्या गुरुत्वाकर्षणामुळे वक्री गती प्राप्त होते.

◆ चांद्र मासाचा ऋतू बदलतो हे आपण पहिले.

महाभारत युद्ध मार्गशीर्ष महिन्यात झाले; म्हणून आपण या महिन्यातच गीता जयंती साजरी करतो. (आता गीता जयंती डिसेंबरमध्ये येते. भीष्म महाभारत युद्धाच्या दहाव्या दिवशी शरपंजरी पडले. त्यानंतर उत्तरायण लागायची (२१ डिसेंबरची) वाट बघत ते तसेच किमान ९५ दिवस पडून होते, असे महाभारत सांगते. त्या ९५ दिवसांमध्ये १० दिवस मिळवा, म्हणजे १०५ दिवस झाले. त्याला ३०ने भागा म्हणजे साधारण साडेतीन महिन्यांचा काळ होतो.

चांद्र मास (म्हणजे चैत्र, वैशाख वगैरे यांना) ऋतूबरोबर बदलायला साधारण २००० वर्षे लागतात. अगदी आताचे उदाहरण घ्यायचे झाले, तर आपल्या समजुतीप्रमाणे चैत्र आणि वैशाख म्हणजे वसंत ऋतू. पण आता वैशाख महिन्यातच ग्रीष्म ऋतू सुरू होतो; खरे तर निम्मा उलटून जातो.

साधारण २००० वर्षांपूर्वी चैत्र-वैशाख म्हणजे वसंत ऋतू होता; आता तसे नाही. एका महिन्याचा बदल व्हायला २००० वर्षे तरी लागतात. मार्गशीर्ष महिना आता डिसेंबरमध्येच, म्हणजे उत्तरायणातच येतो. महाभारत काळात, मात्र मार्गशीर्ष आणि उत्तरायणात साधारण चार महिन्यांचे अंतर आहे.

एक महिन्याचा बदल व्हायला २००० वर्षे लागतात, तर चार महिन्यांचा बदल व्हायला ४ × २००० = ८००० वर्षे लागतील.

याचाच अर्थ महाभारत युद्ध हे अंदाजे ८००० वर्षांपूर्वी घडले.

भगवान श्रीकृष्णाचे वय

महाभारत युद्धाची तारीख काढल्यावर साहजिकच आपल्या मनात कृष्णाबद्दल अधिक जाणून घ्यायची इच्छा होते. कृष्ण महाभारतात फार उशिरा म्हणजे द्रौपदीस्वयंवराच्या वेळी येतो. त्या वेळी कृष्ण आणि अर्जुन दोघेही ३३ वर्षांचे होते. महाभारत युद्धानंतर ३६ वर्षांनी कृष्णाची द्वारका समुद्रात बुडाली आणि त्याच वेळी कृष्णाचे निर्वाण झाले. म्हणजे कृष्णनिर्वाणाचे साल येते इ.स.पू. ५५२५. संपूर्ण महाभारतात कृष्णाबद्दल फारशी माहिती नाही; पण हरिवंश आणि भागवत पुराण यांत सविस्तर माहिती आहे. हरिवंशात असे वर्णन येते, 'अंधक कंसाला सावध करतो आहे, की मला पृथ्वीवर आणि आकाशातही काही अशुभ लक्षणे दिसत आहेत. तुझे वर्तन सुधार; नाही तर पुढला काळ तुझ्यासाठी चांगला नसेल.' अंधकाला काय दिसले?

केतुना धूमकेतोस्तु नक्षत्राणि त्रयोदश: ।
भरण्यादीनि भिन्नानि नानुयांति निशाकरम् ।।

हरिवंश, विष्णुपर्व, अध्याय २२

अंधकाला आकाशात प्रचंड मोठा धूमकेतू दिसतो आहे. तो एवढा मोठा आहे, की त्याने आकाशात तेरा नक्षत्रे एवढा पसारा व्यापला आहे. मुळात नक्षत्रे आहेत सत्तावीस; त्याच्या साधारण निम्मे म्हणजे तेरा. याचा अर्थ त्या

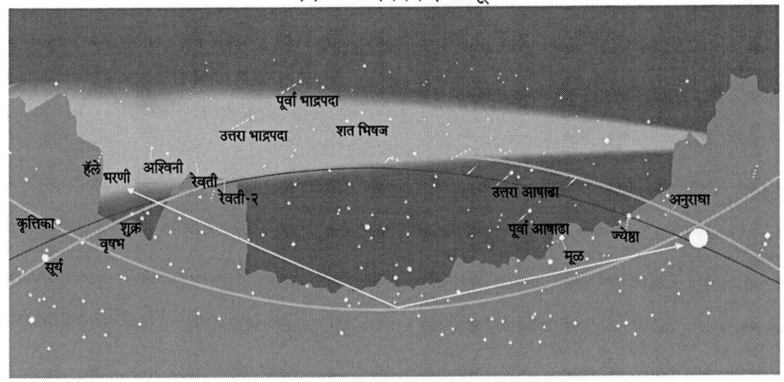

१३ नक्षत्रांएवढी जागा व्यापणारा भलामोठा धूमकेतू

धूमकेतूने अवघे आकाश व्यापले आहे. असा धूमकेतू फार म्हणजे फारच क्वचित बघायला मिळतो.

खगोलशास्त्राच्या इतिहासात गेल्या दहा ते वीस हजार वर्षांत असा धूमकेतू दिसला नाही. त्याबद्दल अंधक असे सांगतो की, 'भरणी नक्षत्रापासून सुरू होऊन पुढे तेरा नक्षत्रे त्याने व्यापली आहेत. तो इतका तेजस्वी आहे, की त्याच्या तेजामुळे चंद्राला आपला मार्ग म्हणजेच नक्षत्राचा मार्ग सापडत नाही.' या सगळ्या वर्णनावरून खगोलशास्त्रानुसार एकच साल येते, इ.स.पू. ५६२२.

कृष्णाने कंसाला मारले, तेव्हा तो किती वर्षांचा होता? नंदराजाने गोकुळात कृष्णाला साधारण अकरा वर्षे लपवून ठेवले होते. म्हणजेच कृष्णाने कंसाला मारले तेव्हा तो अकरा वर्षांचा होता.

धूमकेतू दिसल्याचे साल ५६२२ + ११ = ५६३३ हे झाले कृष्ण जन्मवर्ष.

जन्मवर्ष इ.स.पू. ५६३३ - निर्वाणवर्ष इ.स.पू. ५५२५ = १०८ वर्षे हे कृष्णाचे वय.

आधुनिक विज्ञानानुसार, एखादी गोष्ट सिद्ध करण्यासाठी त्याला तीन प्रकारांनी पुष्टी मिळावी लागते. शास्त्रीय परिभाषेत त्याला Triangulation म्हणतात. Triangulation of explanation, prediction, testing in the context of the theory and in the context of the background knowledge.

भगवान पातंजली हीच गोष्ट थोडक्यात संस्कृतमध्ये सांगतात, *प्रत्यक्षा*

अनुमाना आगम प्रमाणानि. त्यानुसार कृष्णजन्माची तारीख सिद्ध करण्यासाठी खगोलशास्त्रीय ज्ञान, महाभारतातील खगोलशास्त्रीय पुरावे आणि हरिवंश, भागवत पुराण यांतील पुरावे याचा वापर करता येतो.

आत्मप्रतीती, आप्त अथवा गुरुप्रतीती आणि शास्त्रप्रतीती झाली पाहिजे, तर ती गोष्ट सिद्ध होते. 'अनुगीते'त कृष्ण म्हणतो त्याप्रमाणे *तपोबलमही केवलम्.* अर्थात, हे सगळे जे प्राप्त झाले आहे, ते केवळ तपामुळे अर्थात साधनेमुळे झाले आहे.

आचार्य मध्व यांनी लिहिलेल्या *महाभारततात्पर्यनिर्णय* या ग्रंथामध्ये कृष्णाचे वय १०७ (*सप्तमाब्दं शतोत्तरम्*) वर्षे दिलेलं आहे.

आता, कृष्णाच्या वयाच्या बाबतीत आत्मप्रतीती, गुरुप्रतीती आणि शास्त्रप्रतीती या तिन्ही गोष्टी आल्या.

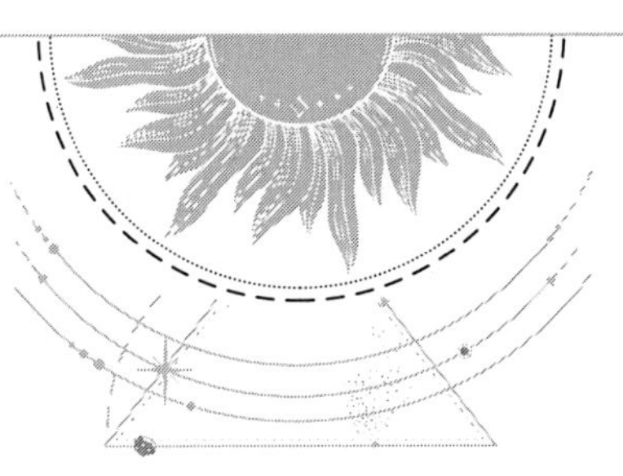

प्रकरण ४

रामायणातील खगोलशास्त्रीय पुरावे

रामायणातील खगोलशास्त्रीय पुराव्यांवरून रामायणाचा काळ निश्चित करता येतो. नीलेश ओक म्हणतात, 'मी जवळजवळ सहा सहस्र वर्षांच्या गवताच्या गंजीत एका सुईचा शोध घेत होतो, जी मला रामायणातील एखाद्या विशिष्ट घटनेची कालनिश्चिती करण्याची अनुमती देईल; आणि मला ती स्वर्गीय सुई सापडली. ही सुई म्हणजे लक्ष्मणाचे ते बोल! '

नैर्ऋतं नैर्ऋतानां च नक्षत्रमभिपीड्यते ।
मूलम् मूलवता स्पृष्टं धूप्यते धूमकेतुना ।।

युद्धकांड, सर्ग ४

अर्थ : राक्षसांचे नक्षत्र मूळ, ज्याची देवता निर्ऋती आहे, अत्यंत पीडित होत आहे. राक्षसांचे जे मूळ नक्षत्र त्याला एक धूमकेतू आक्रांत होऊन त्रास देत आहे.

राम-लक्ष्मण-हनुमानासहित वानरसेना जेव्हा लंकेकडे निघाली होती, तेव्हा लक्ष्मण हा उल्लेख करतो.

या 'दिशादर्शक सुई'च्या आधारे अनेक दिवस अभ्यास करून संगणकाच्या साहाय्याने आकाशस्थितीची प्रतिरूपे बनवली. त्या प्रतिरूपांतून मूळ नक्षत्रावर दिसलेला तो विशिष्ट धूमकेतू कुठल्या काळात दिसला होता, हे सापडले. तो होता

४१

१२२०९ वर्षांपूर्वीचा सप्टेंबर महिना. हा पाया मानून पुढील सर्व परीक्षण / संशोधन केले गेले. त्यामुळे या धूमकेतूला 'लक्ष्मण धूमकेतू' म्हणणे उचित ठरेल.

रामायणात जवळजवळ ५७५ खगोलशास्त्रीय उल्लेख आहेत. त्यातली निरीक्षणे दोन भागांत विभागली आहेत. एक म्हणजे पृथ्वीशी जवळीक साधणाऱ्या घटना. उदाहरणार्थ, चंद्राच्या कला, ग्रहांची स्थिती, चंद्र-सूर्याची ग्रहणे, धूमकेतू इत्यादींमुळे होणारे परिणाम; तर दुसरा भाग आहे पृथ्वीच्या परांचन गतीमुळे होणारे परिणाम. जसे की हेमंत ऋतूमधील सूर्यास्ताचे ठिकाण, शरद ऋतू आणि चैत्र महिना, इतर ऋतू, त्या वेळी ध्रुव तारा असलेला अभिजित (ब्रह्मर्षी) हा तारा.

रामायणातील आणखी काही खगोलशास्त्रीय उल्लेख पाहू, ज्यायोगे रामायण कालनिश्चिती होते.

♦ हनुमंताने सीतेचा शोध घेतलेला आहे; ते किष्किंधेला परत आले आहेत आणि आता सगळ्यांना लंकेला जायचे वेध लागले आहेत. राम-लक्ष्मणासहित सर्व वानरसेना लंकेच्या दिशेने वाटचाल करत आहेत. रात्रीच्या वेळी ताऱ्यांच्या आधाराने दिशा शोधून, आपण योग्य मार्गाने जातो आहोत की नाही, हे लक्ष्मण बघतो आहे.

लक्ष्मण वर्णन करतो आहे, तो ध्रुव खूप तेजस्वी असणारा ब्रह्मराशी हा तारा आहे. त्या ध्रुव ताऱ्याचे वर्णन करताना लक्ष्मण म्हणतो -

ब्रह्मराशिर्विशुद्धश्च शुद्धाश्च परमर्षय: ॥

अर्चिष्मन्त प्रकाशन्ते ध्रुवं सर्वे प्रदक्षिणम् ॥

युद्धकांड (४ : ४८)

'रामा, खूप शुभ लक्षणे दिसत आहेत, आपला विजय होणार आहे! तो बघ, अत्यंत तेजस्वी ध्रुव तारा चमकतो आहे.' (आताचा आपला ध्रुव तारा हा मंद-तेज आहे.) 'त्याच्याभोवती सप्तर्षी फेऱ्या मारत आहेत.'

(सप्तर्षी आजही ध्रुवाभोवती फिरतात; पण ते वेगळ्या ध्रुवाभोवती!)

सप्तर्षी ज्या ध्रुव ताऱ्याभोवती फिरत होते, तो ध्रुव तारा आहे ब्रह्मर्षी म्हणजेच अभिजित (Vega) तारा. पृथ्वीच्या परांचन गतीच्या गणिताप्रमाणे अभिजित तारा ध्रुव तारा होता, तो काळ होता इ.स.पू. १२०४८.

मागे-पुढे दोन हजार वर्षे जरी धरली, तरी इ.स.पू. १०००० ते (इ.स.पू. १२०४८) - इ.स.पू. १४००० एवढी कालमर्यादा मिळते. याचा अर्थ १०००० वर्षांच्या अलीकडे रामायण नक्की घडलेले नाही.

आता कोणी म्हणेल, या एकाच पुराव्यावरून रामायण काळ नक्की तोच होता हे कसे ठरवणार? तर रामायणात असलेले आणखी काही उल्लेख बघू या.

◆ राम-लक्ष्मण-सीता नाशिकजवळ पंचवटी इथे इ.स.पू. १२२११ ते इ.स.पू. १२२०९ या दोन वर्षांच्या काळात राहिले. वाल्मिकी रामायणातील लक्ष्मण हा चांगला निरीक्षक आहे. ऋतूंची, नक्षत्रांची, सूर्योदयाच्या वेळी, सूर्यास्ताच्या वेळी आकाश कसे दिसते? कुठली नक्षत्रे कुठे दिसतात?... या सर्वांची वर्णने तो करतो. आत्ताच्या नाशिक परिसरातून सुमारे १४००० वर्षांपूर्वी दिसणाऱ्या आकाशाचे तो वर्णन करतो आहे. तो राम-सीतेला सांगतो, 'हेमंत ऋतू चालू आहे.' लक्ष्मण पूर्ण दिवसभराच्या परिस्थितीचे, ऋतुबदलाचे वर्णन करतो; सूर्यास्त कसा आणि कुठून होतो, हेसुद्धा तो सांगतो.

निवृत्ताकाशशयनः पुष्यनीता हिमारुणाः

अरण्यकांड, सर्ग १६, श्लोक १२

अर्थात, सूर्य हेमंत ऋतूत पुष्य नक्षत्रावर अस्ताला जातो आहे.

'किष्किंधा कांडा'मध्ये हनुमान महेंद्र पर्वतावर चढून लंकेकडे उड्डाण करताना म्हणतो, *भविष्यति हि मे पंथाः स्वातेः पंथा इवांबरे* (किष्किंधा कांड, सर्ग ६७, श्लोक १९) म्हणजे, 'मी सरळ जाणार नाही, तर स्वाती नक्षत्रासारखा मार्ग घेणार आहे.' १४००० वर्षांपूर्वी हनुमान असे सांगतो आहे.

रामायणात किष्किंधेतून (हम्पी-बेलारी) लक्ष्मण रामाला सांगतो, 'नैर्ऋत्येला असलेल्या मूळ नक्षत्राला एक धूमकेतू त्रास देतो आहे.' यावरून गणित करून राम-रावण युद्ध काळ इ.स.पू. १२२०९ हा निश्चित करता येतो.

स्वाती नक्षत्राला यजुर्वेदातील तैत्तिरीय ब्राह्मणामध्ये 'निष्ट्याम' असे म्हटले आहे. निष्ट्याम म्हणजे बाहेरून आत आलेला परदेशी किंवा प्रवासी. आपण १४००० वर्षांपूर्वीच्या आकाशाचा विचार केला, तर स्वाती तारा एके काळी इतका उत्तरेला होता, की तो ध्रुव तारा होता. तो प्रवास करत बाहेरून आत

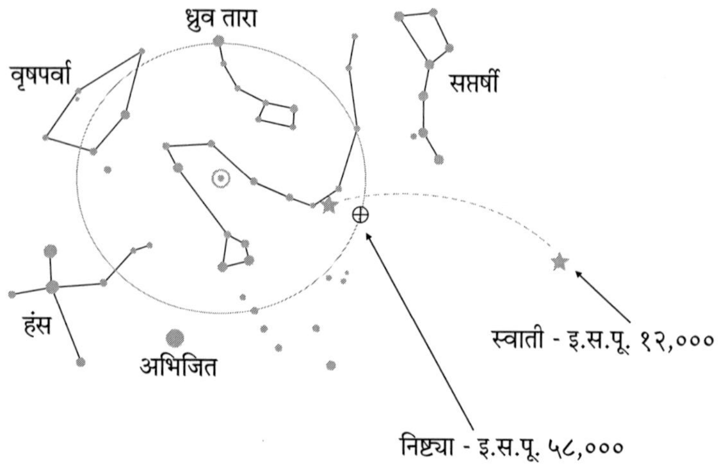

येऊन २७ नक्षत्रांत सामील झाला आहे. काव्याच्या एकेका शब्दात किती इतिहास भरला आहे, याचे हे उदाहरण आहे!

आपस्तम्ब गृह्यसूत्रात म्हटले आहे की, 'ज्या मुलीच्या पित्याला असे वाटत असते, की आपली मुलगी सासरी गेल्यावर तिचे नवऱ्यावर प्रेम जडावे, त्याचे घर आपलं घर म्हणून तिने राहावे, ती परत येऊ नये; त्या पित्याने आपल्या मुलीचे लग्न स्वाती नक्षत्रावर करून द्यावे.' लग्न होऊन आलेली मुलगी बाहेरून आलेली असते.

आताच्या काळात हेमंत ऋतूत (म्हणजे साधारण नोव्हेंबर-डिसेंबर महिन्यात) बघितले, तर सूर्य मावळल्यावर आकाशात मूळ नक्षत्र, पूर्वाषाढा, उत्तराषाढा ही नक्षत्रे दिसतील. लक्ष्मण वर्णन करतो त्याप्रमाणे सूर्यास्तानंतर पुष्य नक्षत्र दिसायला हवे असेल, तर आपल्याला १४००० वर्षे मागे जावे लागेल. याचा अर्थ रामायणाचा काळ हा १४००० वर्षांपूर्वीचा आहे.

◆ रामजन्माची तिथी चैत्र शुद्ध नवमी. आपल्या काळात चैत्र मास येतो एप्रिल महिन्यात. रामायणात म्हटले आहे की, 'हा फार पवित्र महिना आहे, सगळे अरण्य सुगंधित पुष्पांनी फुलले, बहरले आहे.' आपल्या काळात पावसाळ्याच्या आसपास मोर केकारव करतात, सगळे अरण्य वेगवेगळ्या फुलापानांनी बहरलेले असते. म्हणजे रामायण काळात चैत्र महिना पावसाळ्यानंतर येत होता. परत एकदा पृथ्वीच्या परांचन गतीच्या गणितावरून हा काळ येतो हेमंत ऋतूची सुरुवात किंवा शरद ऋतूचा काळ.

रामायण काळात अगस्त्य हा तारा दक्षिण वैश्विक ध्रुव (SCP: South Celestial Pole star) होता. (हा शोध श्रीमती रूपा भाटी यांचा आहे.) आणि North Celestial Pole Star होता अभिजित. या दोन्ही संदर्भांवरून रामायणाचा काळ १३००० वर्षांपूर्वीचा होता हे निश्चित होते.

असे अनेक पुरावे रामायणाचा काल निर्देश करतात आणि तो आहे साधारण इ.स.पू. १२०००. राम-रावण युद्ध झाले ते वर्ष आहे इ.स.पू. १२२०९.

ध्रुव तारा (Polaris) आहे, तो संपात चलनामुळे काही काळाने बदलतो. संपूर्ण महाभारतात इतके खगोलशास्त्रीय उल्लेख आले आहेत; पण ध्रुव ताऱ्याचा उल्लेख मात्र नाही. कारण त्या काळात पृथ्वीचा अक्ष जिथे रोखला होता, तिथे कुठलाच तारा नव्हता.

रामायणात मात्र ध्रुव ताऱ्याचे खूप सुंदर वर्णन येते. राम आणि लक्ष्मण किष्किंधेतून लंकेकडे जायला निघतात, तेव्हा लक्ष्मण वर्णन करतो.

'ब्रह्मराशी' म्हणजे 'अभिजित' अर्थात 'Vega' हा तारा होय. अभिजित हा ध्रुव तारा असायला, संपात चलनाच्या हिशोबाने आजच्या काळाच्या १४००० वर्षे मागे जावे लागेल. लक्ष्मण सांगतो आहे, तो अर्थातच रामायण घडल्याचा काळ आहे.

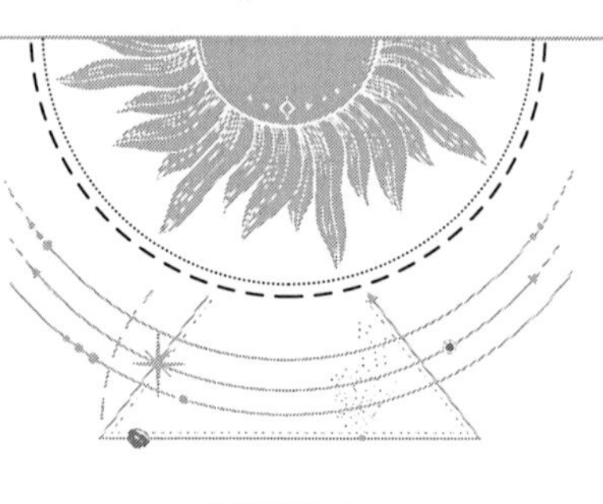

प्रकरण ५

रावणाची लंका नेमकी आहे कुठे?

'रावणाची लंका नेमकी कुठे आहे' असा प्रश्न विचारायची आवश्यकता काय? असे कोणी विचारेल. कारण आताची श्रीलंका म्हणजेच रावणाची लंका असेच बहुतेक सर्वांना वाटते. तसेही, राम-रावणाशी संबंधित असंख्य स्थळे पर्यटकांना श्रीलंकेमध्ये खात्रीपूर्वकरीत्या दाखवण्यात येतात. मग हा प्रश्न कसा आणि का उभा राहतो?

कारण, आतापर्यंत अनेक संशोधकांनी अनेक स्थाने लंकेची म्हणून सुचवली आहेत. आताच्या श्रीलंकेपासून ते विषुववृत्तावरील लिंग बेट, सुमात्रा बेट, ऑस्ट्रेलियाजवळ, भारतात आसाम, नर्मदा नदीजवळचे महेश्वर, विंध्य पर्वतरांगेतील अमरकंटक, गोदावरीच्या मुखाशी बुडालेली नगरी, मध्य प्रदेश, छत्तीसगड, गुजरात, साष्टी, आंध्र प्रदेश ते मुंबईजवळच्या बोरिवलीपर्यंत अशी अनेक ठिकाणे लंका असल्याचे विविध लोकांनी सुचवले होते. प्रसिद्ध पुरातत्व आणि मानववंश शास्त्रज्ञ डॉ. एच. डी. सांकलिया (Head of ASI, Archeological Survey of India) यांनाही 'लंका भारतातच कुठेतरी मध्य प्रदेश, छत्तीसगड यांच्या आसपास होती', असे वाटत होते. पुढे त्यांनी आपले विधान मागे घेतले.

डॉ. प. वि. वर्तकांनी आपल्या 'वास्तव रामायण' पुस्तकात या सगळ्याचा उत्तम युक्तिवाद केला आहे. शास्त्रशुद्ध संशोधन करून त्यांनी हे सिद्ध केले आहे, की 'नैर्ऋत्येला राहणारे म्हणून राक्षसांना निर्ऋती म्हणत. आजची लंका ही भारताच्या नैर्ऋत्येला नसून आग्नेयेला आहे.'

आधी आपण लंकेचा इतिहास बघू! हिंदी महासागरातून, अरबी समुद्रातून प्रवास करणारे टॉलेमीसारखे प्राचीन प्रवासी, खलाशी यांना फार पूर्वीपासून लंका हे सिंहलद्वीप म्हणून माहीत होते. त्यानंतर अरबांनी त्याचे सेरेंडीब केले. भगवान बुद्धाने २५०० वर्षांपूर्वी सिंहलद्वीपचे नाव बदलून श्री लंका ठेवले, असा उल्लेख असलेला शिलालेख सापडला आहे. त्यानंतर ब्रिटिशांनी त्याचे 'सिलोन' असे नामकरण केले. श्रीलंका हे नाव परत अगदी अलीकडे म्हणजे १९७२नंतर वापरात आले आहे.

साधारण २००० वर्षांपूर्वी टॉलेमी नावाच्या ग्रीक प्रवाशाने बनवलेल्या नकाशात एक जागा आहे तापरोबन. हे नाव कदाचित ताम्रपर्णी या नावावरून आले असावे, असे बऱ्याच जणांचे मत आहे. हे तापरोबन साधारण आधुनिक श्रीलंकेसारखे दिसते. श्रीलंकेत जिथे पर्वतरांगा आहेत, तशाच या तापरोबनच्या नकाशात दाखवल्या आहेत. याच बेटाला काही जण सुमात्रा समजतात, तर काही जण याला Phantom Island म्हणतात. कारण पुढच्या भूगोलतज्ज्ञांना भारताच्या संदर्भात तापरोबन हे बेट कुठे असेल याची कल्पनाच येत नव्हती. त्या वेळी नकाशा बनवण्याचे त्यांचे तंत्र खरे तर बरेच सुधारले होते. त्या प्राचीन नकाशात भारताच्या आग्नेय बाजूला एक छोटे बेट दिसते आहे, जिथे आत्ताची श्रीलंका आहे आणि त्याच्या खाली हे तापरोबन बेट आहे. हे नकाशे २००० वर्षांच्याही आधीपासूनचे असण्याची शक्यता आहे.

आठव्या ते बाराव्या शतकांदरम्यानच्या काळातील भारतीय लेखकांनी लंका आणि सिंहलद्वीप हे दोन वेगळे म्हणून नमूद केले आहेत.
- नवव्या शतकातील मुरारी नावाच्या लेखकाने त्याच्या *अनर्घराघवम*मध्ये असे लिहिले आहे की, 'राम आकाशमार्गाने जाताना लंका सोडल्यानंतर काही काळानंतर सिंहलद्वीपावरून जातो.'
- *बाल-रामायण* लिहिणाऱ्या नवव्या/दहाव्या शतकातील राजशेखर या लेखकाने लिहिलेल्या नाट्यकृतीमध्ये रावण स्वतः 'लंकेचे स्थान सिंहलद्वीपच्या दक्षिणेला आहे' आणि 'दुसराच कोणी तरी सिंहलाचा राजा आहे', असेही म्हणतो आहे. याच नाट्यकृतीमध्ये पुढे असे येते की, पुष्पक विमानातून अयोध्येला परत जाताना राम मागे वळून बघून म्हणतो आहे की 'ती पाहा लंका, नवा राजा बिभीषणाची राजधानी.' हे उद्गार विमान आकाशात उडल्यानंतरचे आहेत. त्यानंतर पुढे जाऊन बिभीषण सीतेला सिंहल मंडल दाखवतो आहे.

◆ याशिवाय राजशेखराच्या *काव्यमीमांसा*मध्ये लंका आणि सिंहला वेगळे असून लंका ही राजधानी, तर सिंहला हे रावणाच्या आधिपत्याखालील क्षेत्र आहे असे म्हटले आहे.

ही अर्थातच वाङ्मयातील उदाहरणे झाली. आता आपण याचा शास्त्रीय दृष्टीकोनातून विचार करू. भूगर्भशास्त्र (Geology), सागर विज्ञान (Oceanography) आणि जलविज्ञान (Hydrology) अशा तिन्ही अभ्यासशाखांच्या दृष्टिकोनातून याकडे बघू.

१४,००० वर्षांपूर्वी समुद्राच्या पाण्याची पातळी खाली असल्यामुळे आताची श्रीलंका भारतीय भूखंडाला जमिनीनेच जोडलेली होती. तामीळनाडू विद्यापीठातील सोमशेखर रामस्वामी यांनी बनवलेल्या नकाशामुळे आपल्याला हे समजते की Last Glacial Maximumच्या वेळी (२०,००० वर्षांपूर्वी) समुद्राची पातळी खूप खाली गेली होती; त्यामुळे किनाऱ्याजवळची बरीच जमीन उघडी पडली होती.

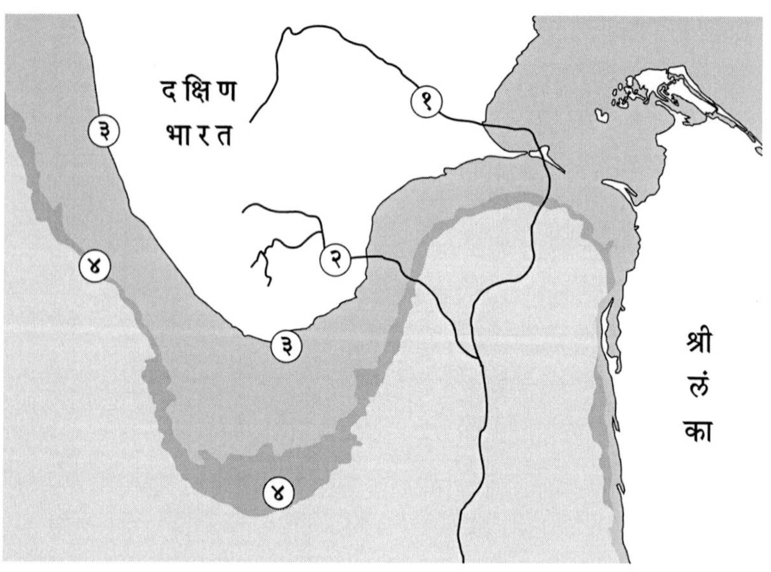

- ◆ नकाशात जिथे ३ आहे, ती भारताची आताची दक्षिण किनारपट्टी; आणि ४ आहे, तत्कालीन किनारपट्टी. एवढी जास्तीची जमीन उघडी पडलेली होती. तेव्हा लंका आणि भारत जमिनीने जोडले होते.
- ◆ २ लिहिले आहे ती आहे ताम्रपर्णी नदी.
- ◆ १ आहे ती वैगाई नदी.

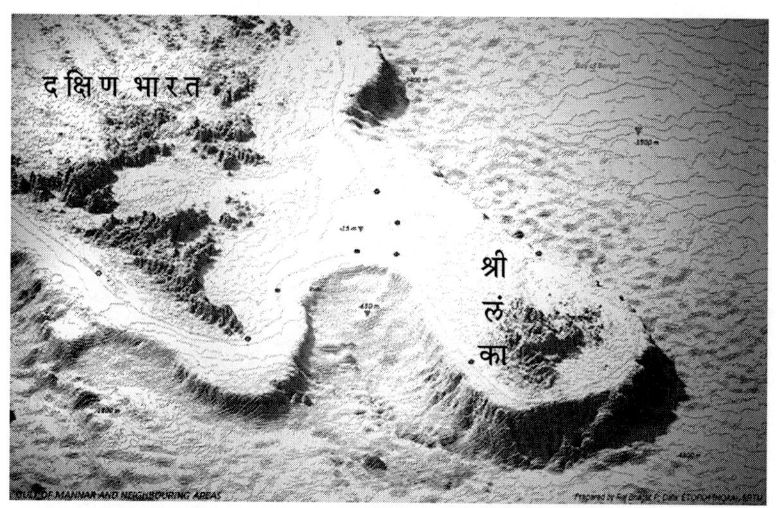

सागरातील पाण्याची पातळी कमी असताना लंका भारताशी जमिनीने जोडलेली होती.

आता महाभारत काळात या संदर्भातील उल्लेख पाहू. महाभारतयुद्धाच्या आधीचा काळ. सभापर्वात धर्मराजाने जेव्हा राजसूय यज्ञ केला होता, तेव्हा त्याचे चार भाऊ चार दिशांना गेले होते. दक्षिण दिशेला सहदेव गेला होता आणि त्याने बिभीषणाशी प्रीतिपूर्वक करार केला असे वर्णन येते. पण तिथेही लंका नेमकी कुठे आहे याबद्दल काहीही माहिती येत नाही. हा अर्थात रावणाचा भाऊ बिभीषण नसून त्याचा वंशज आहे.

सीतेच्या शोधाला निघालेल्या वानर-गटांना सुग्रीवाने भूभागाचे मार्गदर्शक वर्णन केले होते. दक्षिणेकडे निघालेल्या वानरांच्या गटाला सुग्रीव सांगतो की 'तुम्ही मलय पर्वत ओलांडून महिंद्र पर्वताजवळ जाल, तिथे ताम्रपर्णी नदी लागेल, तिथून तुम्हांला तो तेजस्वी अगस्त्य दिसेल.'

नकाशात दाखवलेल्या बाणाच्या खालच्या टोकाशी ताम्रपर्णी नदी असून बाणाची दिशा इथे महत्त्वाची आहे. ती आता श्रीलंकेकडे नसून विषुववृत्ताकडे आहे. जटायूनेही श्रीरामांना नैर्ऋत्येकडे जायला सांगितले होते; म्हणून नाशिकहून निघाल्यावर राम-लक्ष्मण नैर्ऋत्य दिशा धरून किष्किंधेकडे गेले. रावणाची लंका जर आजची श्रीलंका असती, तर ते नांदेड, आंध्र प्रदेश, तामिळनाडू अशा मार्गानि गेले असते.

शिवशंकरांनी रावणाला आत्मलिंग दिल्यावर ते घेऊन रावण हिमालयातून नैर्ऋत्य दिशेलाच निघाला होता. वाटेत गणेशाने ते आत्मलिंग रावणाकडून घेऊन जिथे जमिनीवर ठेवले, ते गोकर्णही हिमालयाच्या नैर्ऋत्येलाच आहे. वानर मंडळी चक्रावून गेली होती, ती वाल्मिकी रामायणात उल्लेख असलेली स्वयंप्रभेची गुहा इथेच कुठे तरी असावी. कदाचित थेक्कडी (ठेकडी) भागात; तिथला भूभाग निसर्गरम्य असला तरी फारच कठीण आहे.

सुग्रीव पुढे सांगतो, 'लंकेच्या शोधासाठी महेंद्र पर्वतानंतर पुढे तुम्हांला शत योजने खाली जायचे आहे.' योजने हे परिमाण थोडे वादग्रस्त असू शकते. वेगवेगळ्या काळात याचे परिमाण वेगळे आहे. तरीही पुढे खूप दूरपर्यंत पाणीच पाणी आहे आणि सध्या तरी त्या ठिकाणी कुठलेही बेट किंवा जमीन नाही. तीही कदाचित द्वारकेसारखी पाण्याखाली गेली असण्याची शक्यता आहे. आजच्या श्रीलंकेकडे जाताना शत योजने प्रवास करावा लागणार नाही, हे निश्चित.

अगस्त्य हा तारा रामायण काळात फक्त दक्षिण भारताच्या काही भागापर्यंतच दिसत होता. कारण त्या वेळी तो दक्षिण वैश्विक ध्रुवाच्या (SCP: South Celestial Pole) खूप जवळ होता. इतका जवळ की त्यालाच दक्षिणेचा ध्रुव तारा म्हटले जात होते.

प्राचीन भारतीय खगोलशास्त्राप्रमाणे ०° रेखावृत्त (Prime Meridian) मध्य भारतातून म्हणजे उज्जैनमधून जात होते (जे आता ग्रीनविच मानले जाते). उज्जैन (अवंती), कुरुक्षेत्र आणि लंका ही तिन्ही स्थाने त्या रेषेवर आहेत, असे वारंवार नोंदवले गेले आहे. लंका ०° रेखावृत्तावर आणि विषुववृत्ताच्या उजवीकडे आहे, असे म्हटले आहे. याचा अर्थ लंका ०° रेखांश आणि ०° अक्षांशावर होती, असे म्हटले आहे. याला सूर्यसिद्धान्तात 'निरक्ष' असे म्हटले आहे.

लंकावात्स्यपुरावंतोस्थानेश्वरसुरालयान् ।
अवगाह्य स्थिता रेखा देशांतरविधायिनी ।।

सूर्यसिद्धान्त

थोडक्यात सांगायचे तर...
- ◆ वाल्मिकी रामायण लंकेच्या स्थानासाठी नैर्ऋत्येकडे निर्देश करते.
- ◆ प्राचीन भारतीय खगोलशास्त्र लंकेच्या स्थानासाठी निरक्ष (०.०) स्थानाकडे निर्देश करते.
- ◆ प्राचीन काळातील अनेक प्रवासी आणि खलाशी यांच्या नोंदी 'लंका आणि सिंहलद्वीप वेगवेगळे आहेत,' असे म्हणतात.

यासाठी संशोधकांनी नव्याने संशोधन करायला हवे; सत्य काय आहे ते कधी ना कधी समोर येईलच.

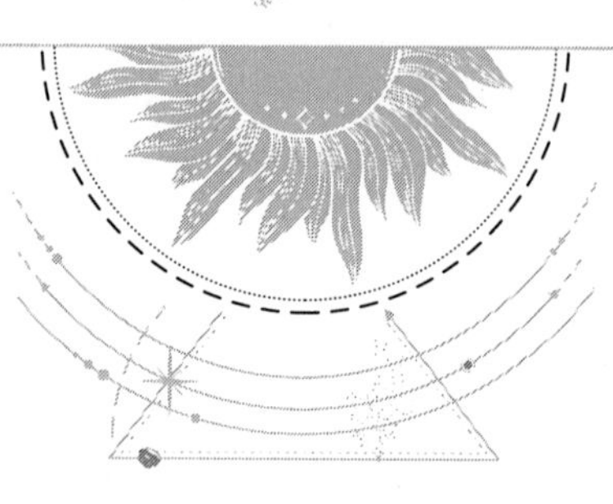

प्रकरण ६

सूर्यसिद्धान्त

सूर्यसिद्धान्त हा आपल्या प्राचीन वाङ्मयातील खगोलशास्त्रावरील उत्तम, अतिशय विद्वत्तापूर्ण आणि जगन्मान्य ग्रंथ आहे. त्यात चौदा प्रकरणे असून सुमारे ५०० श्लोक आहेत. ग्रंथाची भाषा अतिशय समृद्ध आहे. त्यातील ज्ञान समजून घेण्यासाठी वाचणारा खगोलशास्त्राशी परिचित हवा; खगोलशास्त्र तज्ज्ञ मात्र ते अधिक प्रभावीपणे समजू शकेल.

सर्वत्रैव महीगोले स्वास्थानमुपरि स्थितम् ।

मन्यंते खे यतो गोलस्तस्य क्वोर्ध्वं क्व वाप्यध: ॥५३॥

भूगोलाध्याय : १२

अर्थ : आपल्या पृथ्वीच्या गोलावर लोकांना उगीच वाटत असते, की आम्ही वर आहोत आणि बाकी खाली आहेत. मुळात हा गोल (sphere) आहे आणि तो अवकाशात आहे. त्यामुळे काय खाली आणि काय वर असणार ?

म्हणजेच, पृथ्वी एक गोल (sphere) आहे, हे ज्ञान आपल्या प्राचीनांना होते.

पृथ्वीवरील एखादे ठिकाण सांगायचे असेल, तर अक्षांश आणि रेखांशाचा उपयोग केला जातो. विषुववृत्त ० अंश अक्षांशावर, +९० अंशावर उत्तर ध्रुव तर -९० अंशावर दक्षिण ध्रुव. पृथ्वीचे ० अंश रेखांश ग्रीनविच येथे आहे. पृथ्वीच्या पृष्ठभागावर हे अक्षांश-रेखांशाचे काल्पनिक जाळे (चौकटी) आहे. आता कल्पना

करा, की अक्षांश-रेखांशाचे हे जाळे पृथ्वीबाहेर वाढवत नेले, अवकाशात प्रक्षेपित केले आणि अवकाशाच्या काल्पनिक गोलावर स्थापित केले, तर आपल्याला अवकाशीय अक्षांश-रेखांश मिळतील. ज्याला आधुनिक शास्त्रात Declination आणि Right Ascension म्हणतात. त्याचा उपयोग अवकाशीय ग्रह-ताऱ्यांची स्थिती समजण्यासाठी केला जातो.

सूर्यसिद्धान्ताचा अभ्यास करणाऱ्या पाश्चात्य अभ्यासकांनी त्याचे इंग्लिश भाषांतर केले. एबनीझर बर्जेस याच्या म्हणण्याप्रमाणे हा ग्रंथ फार तर १५०० वर्षांपूर्वीचा म्हणजे इ.स. ५८०मधील असावा. सूर्यसिद्धान्त ग्रंथामध्ये त्या वेळच्या नक्षत्रांची अगदी यथायोग्य स्थिती दिलेली आहे. ते नक्षत्र अवकाशीय अक्षांश रेखांशावरून कुठे होते ते ठरवून त्याप्रमाणे गणित मांडले, तर सूर्यसिद्धान्ताचा काळ येतो इ.स. ५८०. विकिपीडियामध्ये सूर्यसिद्धान्ताचा काळ दिला आहे इ.स.पू. ८०० ते इ.स. ५००. अर्थात, अपुऱ्या माहितीवर आधारित असे हे ज्ञान आहे.

इ.स.पू. १२२०९ हे राम-रावण युद्धाचे वर्ष आहे. सूर्यसिद्धान्त या बाबतीत काय म्हणतो ते बघू.

सूर्यसिद्धान्ताचा मूळ लेखक आहे मयासुर. सूर्याच्या पुत्राने किंवा सूर्याच्या प्रतिनिधीने त्याला जे ज्ञान दिले तो सूर्यसिद्धान्त.

सूर्यसिद्धान्तात खालील श्लोक येतो :

मेरोरुभयतोमध्ये ध्रुव नभ:स्थिते ।

निरक्षदेशसंस्थानामुभये क्षितिजाश्रिये ॥१२:४३॥

अतो नाक्षीच्छ्रयस्तासु ध्रुवयो: क्षितिजास्थयो: ।

नवतिर्लंबकांशास्तु मेरावक्षांशकास्तथा ॥१२:४४॥

अर्थात, 'तिथे दोन ध्रुव तारे आहेत, एक वैश्विक उत्तर ध्रुवीय बिंदूवर आणि दुसरा वैश्विक दक्षिण ध्रुवीय बिंदूवर. विषुववृत्तावरील ठिकाणांवर हे दोन बिंदू क्षितिजावर दोन विरुद्ध बाजूला दिसतील.'

सूर्यसिद्धान्त म्हणतो की 'दोन ध्रुव तारे दिसत होते'. याचे महत्त्व समजून घेण्यासाठी अजून काही गोष्टी लक्षात घेणे जरुरी आहे.

पृथ्वी सूर्याभोवती लंबवर्तुळाकार कक्षेत फिरते हे आपल्याला माहीत आहे. सूर्याभोवती फिरताना पृथ्वी कधी सूर्याच्या सगळ्यात जवळ येते. त्या बिंदूला

Periapsis म्हणतात, तर पृथ्वी सूर्यापासून सगळ्यात लांब असते त्या बिंदूला Apoapsis म्हणतात. हे बिंदूसुद्धा आपली जागा बदलत असतात.

सूर्यसिद्धान्तानुसार इथे आपण तीन पुरावे बघणार आहोत. हे बाराव्या प्रकरणात आले आहेत.

- तेव्हा दोन ध्रुव तारे दिसत होते; तेही एकाच ठिकाणी नाही, तर उत्तर आणि दक्षिण अशा दोन विरुद्ध दिशांना.

- पृथ्वीचा कललेला आस (obliquity) : पृथ्वीचा आस म्हणजे अक्ष हा २३.५ °नी कललेला आहे. खरे तर, तो 'सध्या' २३.४ °नी कललेला आहे; पण हा अक्षसुद्धा हलतो; म्हणजे दोन्ही बाजूंना थोडा झुकतो. त्यामुळे त्यातला कोन २३.५च्या ऐवजी कधी २२.७ होतो, तर कधी २४.

- Periapsis आणि Apoapsis : पृथ्वीची परांचन गती आतापर्यंत आपल्याला चांगली परिचित झाली आहे. पृथ्वीचा कललेला अक्ष ज्या ताऱ्याची दिशा दाखवेल, तो तारा म्हणजे ध्रुव तारा. सध्याच्या काळात Polaris हा आपला ध्रुव तारा आहे. तसेच पृथ्वीचा कललेला अक्ष दक्षिण गोलार्धात जी दिशा दाखवतो आहे, तिथे एकही तेजस्वी तारा नाही; त्यामुळे सध्या आपल्याला दक्षिण ध्रुव तारा नाही. सूर्यसिद्धान्तात तर दोन ध्रुव ताऱ्यांचा उल्लेख आहे.

'शिशुमार' म्हणजे Draco तारकासमूह; त्यातला 'थुबान' हा तारा इ.स.पू. २९००मध्ये आपला ध्रुव तारा होता. त्याबद्दल आपल्या प्राचीन वाङ्मयात म्हणजे आरण्यके, ब्राह्मणे, उपनिषदे इत्यादी ग्रंथांत असंख्य ठिकाणी याचा उल्लेख सापडतो.

दक्षिण दिशेलाही एक तेजस्वी तारा आहे, जो ध्रुव बिंदूवर आहे. गंमत अशी आहे, की उत्तर आणि दक्षिण ध्रुवाच्या वेगवेगळ्या जोड्या वेगवेगळ्या कालखंडात असू शकतात. उदाहरणार्थ, आपण अजून मागच्या काळात गेलो, तर साधारण इ.स.पू. १२०००पर्यंत उत्तर आणि दक्षिण ध्रुव बिंदूवर अभिजित आणि अगस्त्य हे तारे दिसतील.

प्रश्न असा येतो की, सूर्यसिद्धान्ताला कुठल्या दोन ताऱ्यांची जोडी अपेक्षित आहे?

कुठल्या काळातील : इ.स.पू. २९०० मधील की इ.स.पू. १२०००मधील?

सूर्यसिद्धान्तात दोन उल्लेख आहेत. आपण पृथ्वीच्या obliquityबद्दल बोललो. यात तो कोन २४° आहे असे म्हटले आहे. सूर्यसिद्धान्तात खगोलशास्त्रीय उपकरणे बनवण्याच्या पद्धती दिल्या आहेत. बर्जेसने इथे हिंदूंच्या प्राचीन वाङ्मयाची आणि आपल्या प्राचीन शास्त्रज्ञांची टर उडवायचा प्रयत्न केला आहे. तो म्हणतो की, 'पृथ्वीचा आस २३.४ किंवा २३.५ अंशांनी कलला आहे; आणि हे अडाणी प्राचीन हिंदू लोक म्हणताहेत, की तो कोन २४° आहे. हे हिंदू खगोलशास्त्रज्ञ, त्यांचे शास्त्र आणि हा so called महान ग्रंथ चुकीचा आहे.' २३.५ किंवा २३.४ कुठे आणि २४ कुठे. नुसत्या संख्यांमध्ये दिसायला ही अगदी छोटी चूक असली, तरी खगोलशास्त्रीय दृष्टीने फार मोठी चूक आहे. कारण बर्जेस सूर्यसिद्धान्ताचा काळ इ.स.पू. १५०० वर्षे हाच धरून चालला होता.

भूमंडलात पंचदशे भागे दैवे तथाऽसुरे ।

उपरिष्ठाद व्रजत्यर्कः सौम्ययाम्यायनांतगः ॥१२:६८॥

सूर्यसिद्धान्तात असा स्पष्ट उल्लेख आहे की, पृथ्वीच्या अक्षाचा कल २४° होता. गंमत अशी आहे, की इ.स.पू. २९०० आणि इ.स.पू. १२००० दोन्ही वेळा पृथ्वीच्या अक्षाचा कल २४° होता.

त्यासाठी आपल्याकडे अजून एक उल्लेख आहे : ऋतूंचा उल्लेख.

आपल्याला भारतीय ऋतू माहीत आहेतच :

- वर्षा (२१ जून नंतर पुढचे दोन महिने म्हणजे अंदाजे जुलै-ऑगस्ट)
- शरद (वर्षा ऋतूनंतर दोन महिने, म्हणजे अंदाजे सप्टेंबर-ऑक्टोबर)
- हेमंत (अंदाजे नोव्हेंबर-डिसेंबर)
- शिशिर (अंदाजे जानेवारी-फेब्रुवारी)
- वसंत (त्यानंतर दोन महिने, म्हणजे अंदाजे मार्च-एप्रिल)
- ग्रीष्म (अंदाजे मे-जून)

अत्यासन्नतया तेन ग्रीष्मे तीव्र करा रवेः ।

देवभागे सुराणां तु हेमंते मंदतान्यथा ॥१२.४६॥

या श्लोकानुसार Peak of Hemant येतो, २१ डिसेंबरच्या आधी एक महिना. शिवाय यात म्हटले आहे, की पृथ्वीची स्थिती Apoapsis या बिंदूवर होती, जेव्हा हेमंत ऋतूचा peak होता म्हणजे सूर्यापासून सगळ्यात लांब अंतरावर. तर ग्रीष्म

ऋतूचा peak होता, तेव्हा पृथ्वीची स्थिती Periapsis या बिंदूवर होती म्हणजे सूर्याच्या सगळ्यात जवळ.

केप्लरचा नियम सांगतो, की पृथ्वीला सूर्याशी जोडणारी रेषा समान कालावधीत समान क्षेत्रफळ व्यापते. Peak of Greeshm या बिंदूवर पृथ्वी 'r-theta' हे कोनीय अंतर कापताना जास्त गतिमान भासते. याउलट Peak of Hemantवर तिचा वेग कमी / मंद भासतो.

हा शोध केप्लरने लावला असे आपण मानतो. मात्र, त्याच्याही कितीतरी आधीच्या प्राचीन सूर्यसिद्धान्तात 'पृथ्वीची गती मंद भासते' असे स्वच्छ म्हटले आहे. यापेक्षा अजून कोणता वेगळा पुरावा हवा आपल्या पूर्वजांच्या सखोल ज्ञानाचा?

आता या तिन्ही गोष्टी एकाच वेळी हव्या असणारा काळ काढायचा असेल, तर तो येतो इ.स.पू. १२,०००.

आधुनिक खगोलशास्त्रज्ञ म्हणतील, की अशा घटना चक्रीय (cyclic) असतात, पुन्हापुन्हा येतच असतात, पण ही घटना एकमेवाद्वितीय आहे. सॉफ्टवेअरच्या माध्यमातून एक लाख, दोन लाख, तीन लाख वर्षे मागे जाऊन बघितले, तेव्हा यासारखी एकही घटना सापडली नाही. ही घटना एकमेवाद्वितीय आहे.

सूर्यसिद्धान्तात सांगितलेल्या नक्षत्रांच्या स्थिती, त्यांचे अक्षांश तपासले असता तशी स्थिती येते तो काळ आहे इ.स.पू. ७५००. हे संशोधन ISRO आणि DRDO मध्ये कार्यरत असणारे शास्त्रज्ञ डॉ. अनिल नारायणन यांनी केले आहे.

सूर्याच्या स्थितीबाबतचे गणित, Equation of Sun सूर्यसिद्धान्तात एकदम बरोबर दिले आहे; आणि तो काळ आहे इ.स.पू. ५३००.

जॉन प्लेफेअर यांनी केलेले गणित थोडे चुकले आहे. त्यांनी काढलेला काळ येतो इ.स.पू. ४३००.

आपल्याकडे आधी २८ नक्षत्रे धरली जात असत. नंतर अभिजित या ताऱ्याला नक्षत्रातून वगळण्यात आले. सूर्यसिद्धान्तामध्ये अभिजित नक्षत्र काढून टाकल्याचा उल्लेख येतो; पण ते केव्हा आणि का काढले, याचा काही उल्लेख येत नाही. गंमत म्हणजे याचे उत्तर महाभारतात मिळते.

महाभारत असे म्हणत नाही, की महाभारताच्या काळात हे घडले; पण त्यांच्या भूतकाळात इ.स.पू. १४,५०० या काळात हे घडले असे म्हटले आहे.

हे सगळे संदर्भ इतर ग्रंथ आणि विज्ञानशाखांच्या अभ्यासातून मिळतात. यावरून सूर्यसिद्धान्ताचा वर्तवलेला काळ इतका प्राचीन असला, तरी त्याबद्दल आश्चर्य वाटायचे काही कारण नाही.

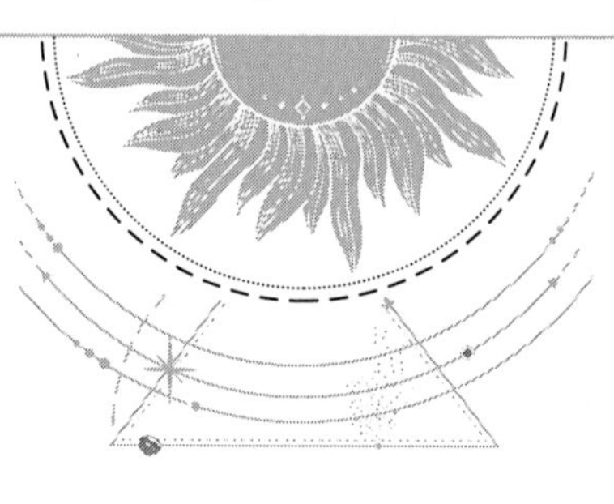

प्रकरण ७

ऋग्वेद काळ निश्चिती आणि सरस्वती नदी

ऋग्वेदाचा उल्लेख महाभारतात आणि रामायणात येतो; याचा अर्थ ऋग्वेदाचा काळ या दोन्हींच्या आधीचा असायला हवा. ऋग्वेदात कुठलेही खगोलशास्त्रीय उल्लेख मिळत नाहीत, ज्यायोगे त्याचा काळ ठरवता येईल. म्हणून मग ऋग्वेदाचा काळ समजून घ्यायला सरस्वती नदी नक्की केव्हा वाहत होती याची मदत होते. त्यावरून ऋग्वेदाचा काळ निश्चित करता येतो.

काही सहस्रकांपूर्वी गुप्त झालेली, पण भारतीयांच्या मनात आजतागायत असलेली नदी 'सरस्वती'. आताच्या काळातच नव्हे, तर गेल्या चार-पाच हजार वर्षांत सरस्वती नदी पाहिल्याचे कोणी सांगू शकत नाही; तरीही भारतीय माणसांच्या मनात तिला स्थान आहे. त्याच सरस्वतीच्या अस्तित्वाचे आणि पर्यायाने आपल्या भारतीय संस्कृतीच्या पुरातनतेचेच पुरावे आता आपण बघणार आहोत.

अम्बितमे नदीतमे देवितमे सरस्वति ।
अप्रशस्ता इव स्मसि प्रशस्तिमम्ब नस्कृधि ॥

ऋग्वेद २-४१-१६

असे जिचे वर्णन येते, ती सरस्वती. तिचा प्रवाह इतका वेगवान आहे, की त्या प्रवाहामुळे पर्वतांचे कडे कमळाच्या देठासारखे अलगद कापले जातात. ती वेगवान अश्वांच्या गतीइतकी ती वेगवान आहे.

सरस्वती नदीचे नक्की काय झाले?

कोणतीही गोष्ट सिद्ध करण्यासाठी पुरेसे पुरावे द्यावे लागतात. सरस्वती नदी अस्तित्वात होती हे सिद्ध करण्यासाठीही आपल्याला पुरावे द्यावे लागतील. Geological data सांगतो, की सरस्वती नदी निश्चित अस्तित्वात होती आणि तीही १,७२,००० वर्षांपूर्वी!

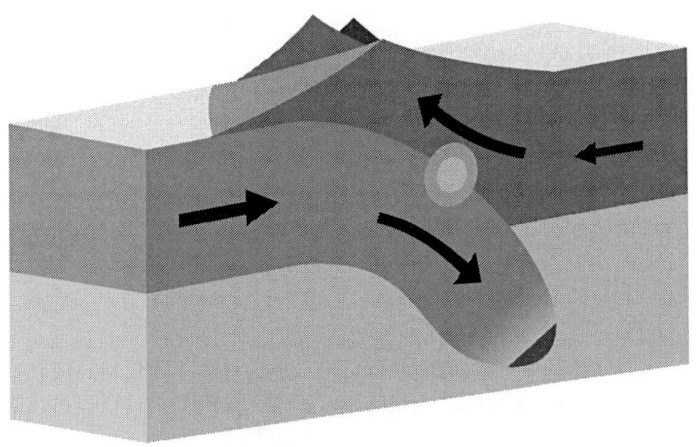

उत्तर दिशेला सरकणारी भारतीय उपखंडाची प्लेट, जिच्या हालचालीमुळे भारतातील नद्यांमध्ये morpho dynamic बदल घडले.
(Morphology - अंतर्गत संरचनेचा अभ्यास)

चित्रात दाखवल्याप्रमाणे उत्तर दिशेला सरकणारा भारतीय उपखंड आणि त्यामुळे गतिशीलतेत होणारा बदल (Morpho-dynamic Changes) यामुळे भारतातील नद्यांचे प्रवाह बदलले.

यमुना आणि शतुद्री (सतलज) सरस्वतीपासून वेगळ्या झाल्या. सतलज नदी सिंधू नदीला मिळाल्यामुळे नंतरच्या काळात सिंधू नदी सगळ्यात मोठी नदी झाली.

ऋग्वेद, रामायण आणि महाभारतातील सरस्वती नदीच्या उल्लेखांना जिओलॉजी, जिओफिजिक्स, क्लायमेटॉलोजी, ओशनोग्राफी, अँथ्रोपोलॉजी, पॅलिऑंटॉलॉजी अशा अनेक अभ्यासशाखांमधून पुष्टी मिळते.

सरस्वती नदी कुठून कुठे वाहत होती?

कुरुक्षेत्रापासून सुरू होऊन ती बिकानेर भागात १,७२,००० वर्षांपूर्वी वाहत होती. उत्तरेकडून शतुद्री (म्हणजेच सतलज), दक्षिणेकडून यमुना आणि कुरुक्षेत्रामधूनही आणखी काही नद्या येऊन सरस्वतीला मिळत होत्या. त्यामुळेच ती त्या काळात प्रचंड मोठी नदी म्हणून प्रसिद्ध होती.

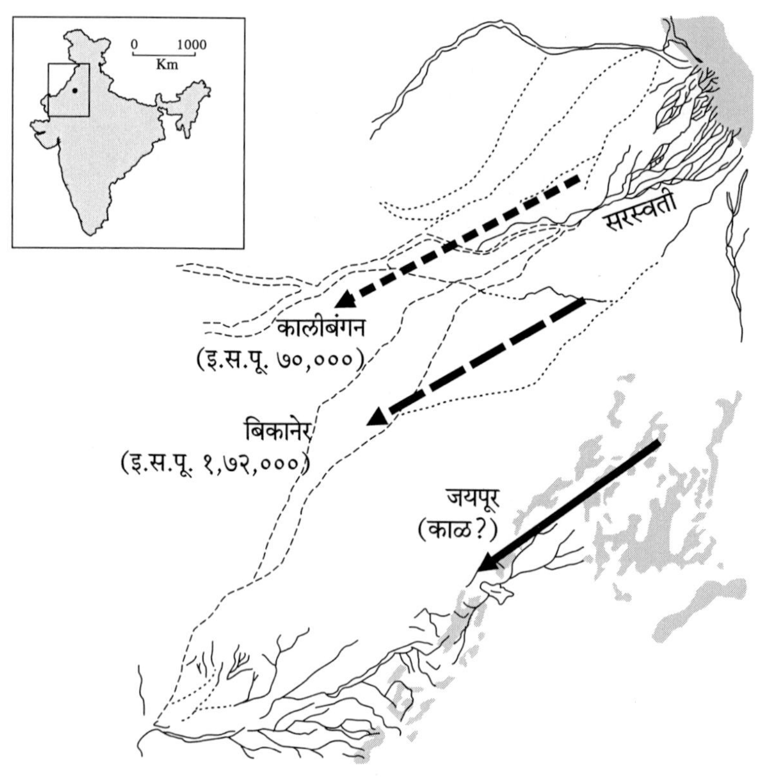

नंतर काय घडले?

◆ साधारण ७०,००० वर्षांपूर्वी बिकानेरजवळून वाहणाऱ्या सरस्वती नदीचा प्रवाह वायव्येकडे सरकला आणि ती कालिबंगनजवळून वाहू लागली.

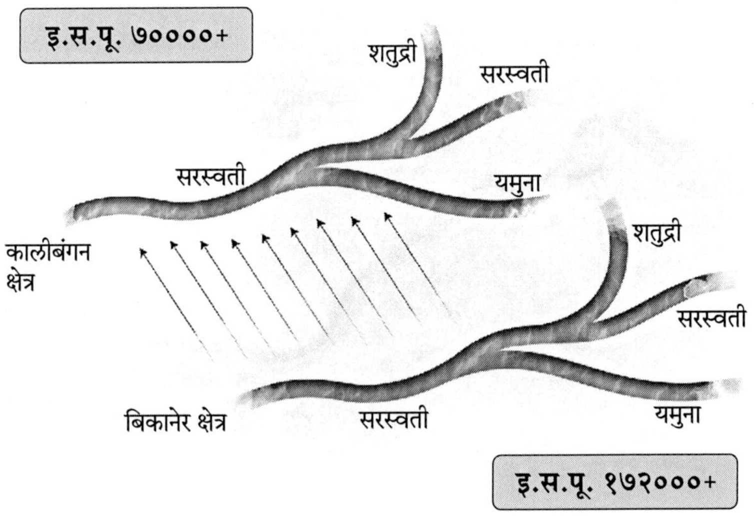

◆ सरस्वती ५०,००० वर्षांपूर्वीपर्यंत यमुना आणि शतुद्री या उपनद्यांसह कालिबंगनजवळून वाहत होती.

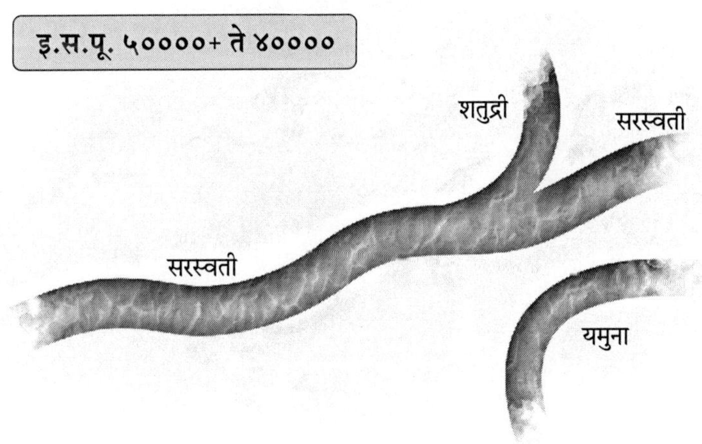

- त्यानंतर ५०,००० ते ४०,००० वर्षांपूर्वींच्या काळखंडात असे काहीतरी झाले, की यमुना नदी सरस्वतीपासून वेगळी झाली, आग्नेयेकडे वळली आणि गंगेला जाऊन मिळाली.

- त्यानंतर १३,००० वर्षांपूर्वी शतुद्री दक्षिणेला वळण्याऐवजी पश्चिमेला वळली, असा उल्लेख वाल्मिकी रामायणात आहे. (अयोध्याकांड, सर्ग ७१, श्लोक १-२) आणि तिचे पाणी सरस्वतीला मिळणे बंद झाले.

इ.स.पू. १३००० +/- ५००

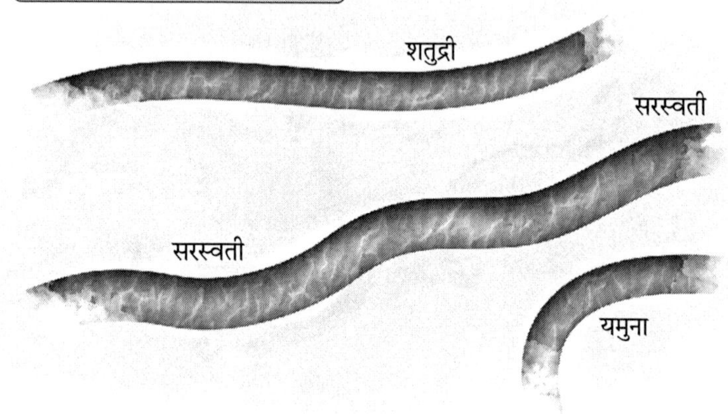

- आता सरस्वती नदी तिला मिळणाऱ्या इतर छोट्या उपनद्यांबरोबर एकटीच वाहायला लागली. यमुना आणि शतुद्री या नद्यांचे पाणी सरस्वतीला मिळणे बंद झाल्यामुळे ती पहिल्यापेक्षा क्षीण झाली.

- त्यानंतर मान्सूनच्या कमी-जास्त प्रमाणामुळे सरस्वती नदीने बरेच चढ-उतार बघितले. त्यानंतर मात्र ती हळूहळू कमी होत गेली.

- साधारण ४,५०० वर्षांपूर्वी आणि नंतर (म्हणजे महाभारत काळानंतर) पूर्णपणे सुकलीच.

- त्यानंतरही सरस्वतीच्या पात्रातून पावसाचे किंवा इतर छोट्यामोठ्या झऱ्यांचे पाणी वाहत राहिले.

- भाक्रा नदीच्या रूपाने आजही सरस्वतींच्या पात्रातून पाणी वाहते.

- पण मूळची महा-महा-प्रचंड सरस्वती नदी मात्र लुप्त झाली.

ऋग्वेद, रामायण आणि महाभारतातील सरस्वती नदीचा उल्लेख

◆ ऋग्वेदातील नदी सूक्त यावर बराच प्रकाश टाकते. ऋग्वेदाच्या दहाव्या मंडलातील ७५वे सूक्त, नदी सूक्त :

> *इमं मे गंगे यमुने सरस्वती शुतुद्री स्तोमं*
>
> *असिक्न्या मरुवद्रूधे वितस्तयाऽर्जीकीये श्रूण*
>
> *तृष्टामया प्रथमं यातवे सजू: सुसत्वी*
>
> *रसयत्वं सिंधो कुभया गोमती कृमुं मेहत्वा सं*

यात वायव्येकडील १९ नद्यांची नावे आली आहेत. ती नावे ज्या क्रमाने येतात, तेही बघण्यासारखे आहे. नकाशात आपण उत्तर भारताच्या आग्नेय दिशेकडून वायव्येकडे एक दिशादर्शक बाण काढला, तर या सर्व नद्या आताच्या अफगाणिस्तानापर्यंत, किंबहुना इराणपर्यंत पोहोचलेल्या दिसतात.

◆ जेव्हा भरत केकय देशातून परत येत असतो, तेव्हा वाटेत त्याला शतुद्री नदी, जी पश्चिमेकडून येते, ती ओलांडावी लागली असा उल्लेख (अयोध्याकांड,

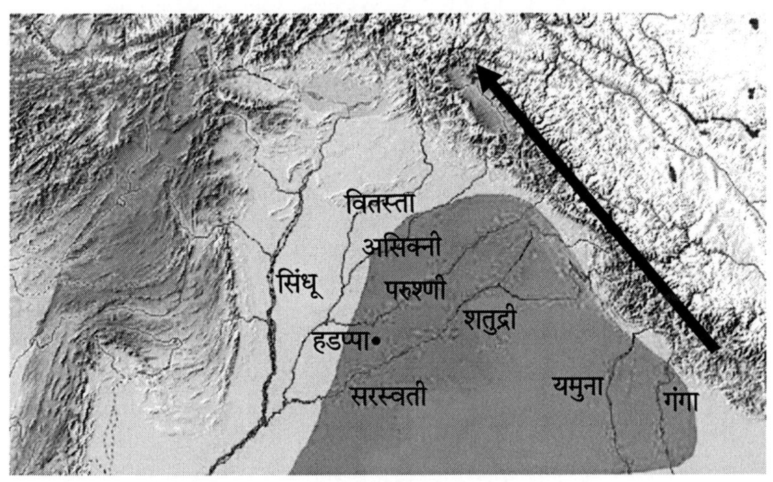

इमं मे गङ्गे यमुने सरस्वति शुतुद्रि स्तोमं सचता परुष्ण्या ।
असिक्न्या मरुद्वृधे वितस्तयार्जीकीये श्रृणुह्या सुषोमया ।।५।।
तुष्टामया प्रथमं यातवे सजू: सुसत्वी रसया श्वेत्या त्या ।
त्वं सिन्धो कुभया गोमतीं क्रुमुं मेहत्वा सरथं याभिरीयसे ।।६।।

ऋग्वेद, १०:७५

सर्ग ७१, श्लोक १-२) रामायणात येतो. म्हणजे त्या वेळी शतुद्री नदीचा प्रवाह आधीच पश्चिमेकडून येत होता. त्यावरून रामायण इ.स.पू. १३०००च्या आधी होऊ शकत नाही.

◆ आता आपण महाभारत काळात बघू. ७००० ते ४५०० वर्षांच्या दरम्यान. या काळात येथील पर्जन्यमानात वाढ झाल्याने सरस्वती नदीचे पुनरुज्जीवन झाले.

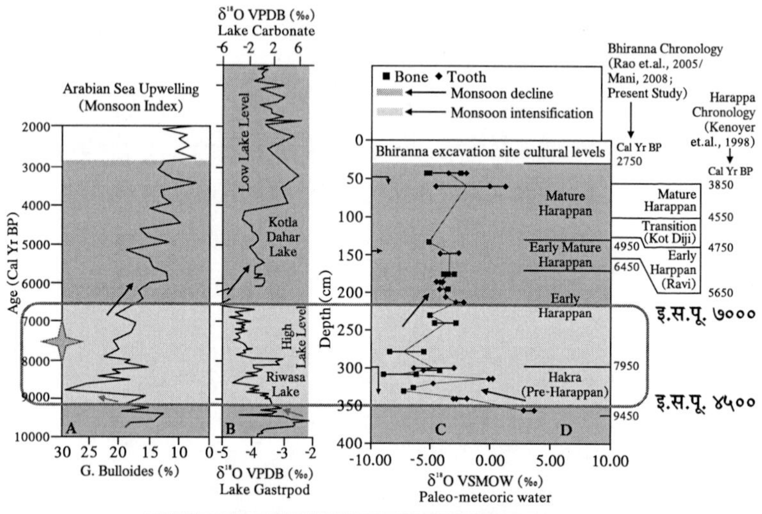

हवामानशास्त्राचा पुरावा (अनिंद्य सरकार, २०१६)

सरस्वती नदीचा शोध घेणारे वेगवेगळे संशोधक

कुठलेही शास्त्र हे एका माणसाचे काम, एका व्यक्तीची निर्मिती नसते. आपण उदाहरण घेऊ या Cosmology चे. आइनस्टाइनने जे केले, ते लाग्रांजच्या आधीच्या कामावर आधारित होते. त्याच्या आधी मॅक्सवेलने काम केले, त्याआधी न्यूटनने काम केले. ही सर्व मंडळी एकमेकांच्या खांद्यावर उभे राहूनच पुढचे काम करू शकली. आइनस्टाइनने जरी न्यूटनचा सिद्धान्त खोडून काढला असला, तरी याचा अर्थ न्यूटनचे काम चूक होते असे नाही. केप्लरने जरी कोपर्निकसला चुकीचे ठरवले, तरी कोपर्निकसचे काम चूक नव्हते. खालच्या पायावरच वरची इमारत उभी राहते. तेच सरस्वती नदीच्या संशोधकांच्या बाबतीतही घडले.

- वेगवेगळ्या संशोधकांमधले हरिभाऊ वाकणकर हे त्यांच्या टीमबरोबर अक्षरशः पायी फिरले. पॉलिओलिथिक काळात जिथून सरस्वती नदी वाहत होती, तिथून भर वाळवंटातून, गुजरात-राजस्थानमधून सरस्वती नदीचा माग काढण्यासाठी चालत गेले. त्यांनी शोधलेला सरस्वती नदीचा मार्ग आजच्या अत्याधुनिक साधनांच्या मदतीने शोधलेल्या मार्गाशी तंतोतंत जुळतो. खूप विलक्षण असे काम त्यांनी केले आहे.

- Henry Paul Francfort आणि Mary Agnes Courty या फ्रेंच संशोधकांनीही सरस्वती नदीबाबत अभूतपूर्व असे संशोधन केले आहे.

- श्रीनिवास कल्याणरमणजी यांनी जवळजवळ ८,०००पेक्षा जास्त seals जमवून त्यांची व्यवस्थित नोंद करून ठेवली आहे.

- कल्याणरमणजी यांच्या आधी एक संशोधक परपोला यांनीसुद्धा सिंधू संस्कृतीच्या काळातील seals गोळा करून त्याचे नीट documentation करून ठेवले आहे.

- प्रा. वालदिया, मिशेल डॅनिनो, मेजर जनरल बक्षी या सर्वांनीही सरस्वती नदी बाबत खूप काम केले आहे.

सरस्वती नदीची स्थित्यंतरे		
	मुख्य प्रवाहातील अभ्यासकांची मते	पुरावे सांगतात
पर्वतापासून समुद्राकडे जाणारी सरस्वती नदी	इ.स.पू. ७००० ते ४५००	इ.स.पू. १,७२,००० ते ४५००
यमुना दूर जाते	इ.स.पू. २७००	इ.स.पू. ५०,०००
शतुद्री दूर जाते	इ.स.पू. २७००	इ.स.पू. १३,०००
मोसमी पावसाची वृद्धी	इ.स.पू. ७००० ते ४५००	इ.स.पू. १३,०००
सरस्वती लुप्त होण्यास सुरुवात	इ.स.पू. १९००	इ.स.पू. ४५००
भारतीय संस्कृतीचे प्राचीनत्व	१००००+ वर्षे	२,००,०००+ वर्षे

मुख्य प्रवाहतल्या अभ्यासकांनी मांडलेली मते पहिल्या रकान्यात आहेत. त्यापैकी इ.स.पू. १९००मध्ये सरस्वती नष्ट झाली हा एक मुद्दा सोडता इतर निष्कर्ष धादांत खोटे आहेत. त्यांनी शोधलेला काळ चुकतो आहे. तीच सगळ्यात मोठी समस्या आहे.

कालीबंगनचा भूकंप आणि त्यामुळे हडप्पा काळातील शहरांचा विनाश : आजपासून ४,७०० वर्षांपूर्वी : हा काळ ठीक आहे. कालीबंगन भूकंपामुळे यमुना नदीजवळच्या खडकातील भेगांमध्ये वाढ झाली : आजपासून ४,७०० ते ३,७०० वर्षांपूर्वी. पश्चिमवाहिनी असलेली यमुना पूर्ववाहिनी झाली : आजपासून ३,७०० वर्षांपूर्वी. म्हणजेच २,००० वर्षे वजा जाता इ.स.पू. १७०० हा काळ येतो : हे सर्वथैव अशक्य आहे. धोलावीरा इथला भूकंप आजपासून ४,२०० वर्षांपूर्वी झाला : हे बरोबर आहे. द्वारका समुद्रात बुडली आजपासून ३,६०० वर्षांपूर्वी. त्यातून आताची इसवी सनाची २००० वर्षे वजा जाता इ.स.पू. ६०० हा काळ येतो : आपल्याकडे द्वारका कधी बुडली याचे नक्की पुरावे अजून नसले, तरी द्वारका इ.स.पू. ६०० वर्षे या काळात बुडली हे अशक्य आहे. आपल्याला इतिहास माहीत आहे. दक्षिण दिशेला वाहत असलेली शतुद्री (सतलज) नदी पश्चिमेला वाहू लागली आजपासून २६०० वर्षांपूर्वी. म्हणजे २००० वर्षे वजा जाता इ.स.पू. ६०० हा काळ येतो : हेही अशक्य आहे. सरस्वती नदीचे सुकणे आणि तिच्या काठावरच्या वस्त्यांचे स्थलांतर २५०० वर्षांपूर्वी.

ऋग्वेदात म्हटले आहे : *गिरीभ्या आ समुद्रा:*

सरस्वती नदी हिमालयात उगम पावून समुद्रापर्यंत गेली तो काळ काही विद्वानांच्या मते इ.स.पू. ७,००० ते इ.स.पू. ४,५०० हा आहे. तसे वाटण्याचे एक कारण असे आहे की, ऋग्वेदाचे संपादन कृष्णद्वैपायन व्यासांनी महाभारत काळाच्या सुमारास केले. म्हणून ऋग्वेदाची निर्मितीच तेव्हा झाली असे म्हणून चालत नाही. ऋग्वेदाचा मुख्य भाग, शाकल संहिता वगैरे भाग निर्मितीचा काळ खूप खूप मागे म्हणजे इ.स.पू. २४,०००च्या पलीकडे जातो.

◆ यमुना नदी सरस्वतीपासून वेगळी झाली तो काळ आहे इ.स.पू. ५०,००० : विद्वान म्हणतात इ.स.पू. २७००.

◆ शतुद्री नदी सरस्वतीपासून वेगळी झाली तो काळ आहे इ.स.पू. १३,००० : विद्वान म्हणतात इ.स.पू. २७००.

◆ मॉन्सूनमध्ये पडलेला जबरदस्त फरक : या बाबतीत मात्र दोन्ही पक्षांचे एकमत आहे. तो काळ येतो इ.स.पू. ७००० ते इ.स.पू. ४५००.

◆ त्यानंतर सरस्वती नाहीशी व्हायला सुरुवात झाली ती इ.स.पू. ४,५००मध्ये : विद्वानांचे म्हणणे आहे इ.स.पू. १९००.

यात एकच गोष्ट दोन्ही पक्षांना मान्य आहे; ती म्हणजे इ.स.पू. १९००मध्ये सरस्वती नक्कीच सुकून गेलेली होती, नाहीशी झालेली होती.

भारतीय संस्कृतीची प्राचीनता फार तर १०,००० वर्षेपर्यंत मागे जाऊ शकते, या चुकीच्या विचारावर विद्वान ठाम आहेत. कारण त्यांचे प्राथमिक गृहीतकच चुकीच्या पायावर घेतलेले आहे, हे आपण पहिले. १०,००० वर्षांपूर्वी जगाच्या काही भागात हिमयुग (आइस एज) झाले असले, तरी अनेक भूभागांवर जीवसृष्टीसाठी उत्तम वातावरण होते, यात शंका नाही.

शंकराचार्य म्हणतात -

ज्ञानं न पुरुषतंत्रम्, किन्तु वस्तुतंत्रम्

ते म्हणतात, कोणी एखादा म्हणतो म्हणून ते ग्राह्य धरता येत नाही, धरूही नये; तर प्रत्यक्ष पुराव्यावर विश्वास ठेवावा. उदाहरणार्थ, मला आता खिडकीतून जे फुल दिसते आहे, ते लाल आहे; हे दुसऱ्या कोणी मला सांगायची गरज नाही. मी माझ्या डोळ्यांवर विश्वास ठेवीन ना. अग्नी हा थंड आहे असे वेदांमध्ये लिहिले असेल, तरी आपण ते खरे मानणार नाही. तसे आहे हे! कोणा एकाच्या मतावर सत्य अवलंबून नसते.

किमान ३५,००० वर्षांचा इतिहास

महाभारत साधारण ७,००० वर्षांपूर्वी; रामायण साधारण १४,००० वर्षांपूर्वी; ऋग्वेदकाळ २१,००० वर्षांपूर्वी केव्हातरी. हे लक्षात ठेवायला सातचा पाढा लक्षात घ्या. ७, १४, २१. नंतर येतो आकडा २८चा आकडा. २८,००० वर्षांपूर्वी आपल्या आता असलेल्या नक्षत्रांची स्थिती बदलली.

आता इथे भारताचा इतिहास संपला का ? तर नाही.

३५,००० वर्षांपूर्वीचा आणखी एक पुरावा आहे. हा पुरावा आहे मैत्रायणी आरण्यक उपनिषदातील. त्यात इक्ष्वाकु वंशातील बृहद्रथ राजाचा उल्लेख येतो. त्यात ध्रुव तारा बदलल्याचा उल्लेख येतो. त्या काळात समुद्राचे पाणी आटत चालले होते, असा अजून एक उल्लेख येतो. मघा नक्षत्रावर वसंत संपात होता. अशी स्थिती १०,००० वर्षांपूर्वीही होती; पण त्या वेळी समुद्राचे पाणी आटत नव्हते. मात्र त्याच्या आधीच्या काळात साधारण ३५,००० वर्षांपूर्वी (१०,००० वर्षांच्या मागे २६,००० वर्षे जायचे) या तिन्ही गोष्टी एकाच वेळी होत होत्या.

अशा तऱ्हेने भारतीय संस्कृतीचा इतिहास कमीत कमी ३५,००० वर्षांचा तरी आहे, हे सिद्ध करता येते.

सरस्वती नदीच्या अस्तित्वाचे पुरावे काळात किती मागेपर्यंत जातात ?

२०२०मध्ये प्रकाशित झालेल्या जेम्स ब्लिंकहॉर्ड यांनी त्यांच्या पेपरमधून 'सरस्वती नदी १,७२,००० वर्षांपूर्वी बिकानेर जवळ वाहत होती' असे सिद्ध केले आहे. त्यांनी असेही नमूद केले आहे, की Nal Quarry या ठिकाणी म्हणजे बिकानेरजवळ थरच्या वाळवंटात fluvial activity असल्याचे, म्हणजे पाणी वाहत असल्याचे पुरावे मिळतात, तेसुद्धा १७२-१७४, १४०-१५०, ७९-९५ आणि २६ हजार वर्षांपूर्वी. आणि हा प्रवाह थांबल्याचे पुरावे घग्गर-हाकराचा प्रवाह सुरू होण्याशी मिळतेजुळते आहेत. आपण बघितलेच, की सरस्वतीचा प्रवाह तिला मिळणाऱ्या शतुद्री व यमुना नद्यांच्या सह उत्तरेकडे सरकला होता. तो काळ होता ७०,०००वर्षांपूर्वीचा.

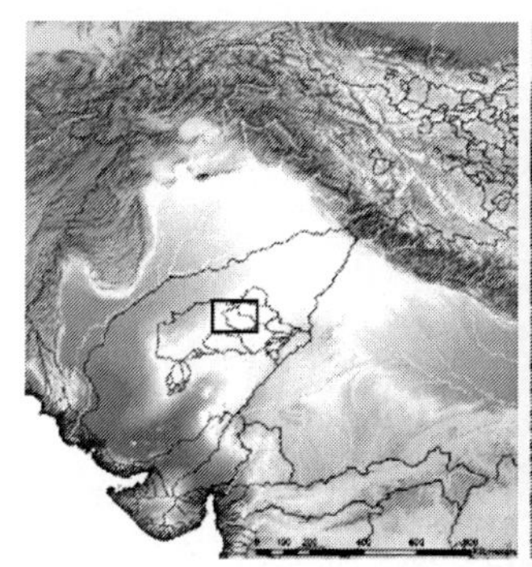

बिकानेरजवळ थरच्या वाळवंटात fluvial activity
म्हणजे पाणी वाहत असल्याचे मिळालेले पुरावे

सरस्वती नदी वाहत होती, याचा अर्थ तिच्या काठी संस्कृतीची वाढ झाली होती का किंवा ऋग्वेद लिहिला गेला होता का हे आपल्याला माहीत नाही. तेव्हा ती संस्कृती असेलही किंवा नसेलही. तसे ठोस पुरावे आपल्याकडे नसले, तरी न्यायदर्शन शास्त्रात म्हटल्याप्रमाणे असण्याचे जसे पुरावे नाहीत, तसेच नसण्याचेही नाहीत. प्रमाण *अनुपपत्य उपपत्तीभ्या:* (न्यायदर्शन).

पण आपल्याकडे इतर काही पुरावे आहेत.

◆ आपल्याला माहीत आहे, की भारतीय उपखंड आशियाई उपखंडाला जाऊन धडकला. टेक्टॉनिक प्लेट एकमेकींना धडकल्या आणि उत्तर भारतात वाहणाऱ्या नद्यांच्या प्रवाहात मोठा फरक पडला.

◆ त्याच दरम्यान म्हणजे ७५,००० वर्षांपूर्वी सुमात्रा बेटावर टोबा ज्वालामुखीचा उद्रेक झाला होता. त्यातून प्रचंड प्रमाणावर राख बाहेर फेकली जात होती. कदाचित त्या उद्रेकामुळे भारतीय उपखंडावर परिणाम झाला असेल, जबरदस्त भौगोलिक बदल झाले असतील. नेमके माहीत नाही; मात्र काळ एकदम मिळताजुळता आहे, हे खरे.

◆ उत्तरेकडे सरकणाऱ्या भारतीय उपखंडाच्या प्लेटमुळे भारतीय नद्यांमध्ये morpho-dynamic बदल घडले. हिमालयाची निर्मिती झाली.

◆ पृष्ठ क्र. ६०वर दिलेल्या नकाशात दर्शवल्याप्रमाणे सरस्वतीचे पात्र बिकानेरपासून कालीबंगनपर्यंत सरकले होते. कदाचित बिकानेरच्या खाली

अजमेर, जयपूर, पुष्कर इथपर्यंतसुद्धा त्या काळी सरस्वती वाहत असेल. नंतर ती उत्तरेकडे वळली असावी. पुष्कर हे त्रेतायुगात महत्त्वाचे स्थान आहे.

- हा नदीच्या मार्गाचा नकाशा जो दाखवला आहे, तो श्री. घोष यांनी १९७०मध्ये प्रत्यक्ष ट्रेस करून, संशोधन करून शक्य (potential) मार्ग शोधला होता, तो आहे. २०२०मध्ये प्रत्यक्ष निरीक्षणांवरून तो मार्ग बरोबर होता, हे सिद्ध झाले आहे.

- इ.स.पू. ७०,००० ते इ.स.पू. ३००० सरस्वती कालीबंगनमधून वाहत होती. तिचे पात्र क्षीण होत गेले होते; तरी आतापासून ५००० वर्षांपूर्वीपर्यंत सरस्वती वाहत होती. इ.स.पू.२०००पर्यंत सरस्वती बऱ्यापैकी मोठी होती. त्यानंतर काही तरी असे घडले, ज्यामुळे नदीचे पात्र क्षीण झाले, पाणी कमी झाले.

- बऱ्याच जणांच्या मते याचे कारण Last Glacial Maximumमुळे बरेच पाणी glacialsमध्ये 'फ्रीझ' झाले असेल. बरेचसे पाणी हिमालयातूनच येत असल्यामुळे नदीचे पाणी कमी झाले असेल. ५,००० वर्षांपूर्वीपर्यंत सरस्वती संपूर्ण नाहीशी झाली.

- आपण बघितले, की यमुना नदीने इ.स.पू. ५०,००० ते इ.स.पू. ४०,००० या दरम्यान सरस्वतीची साथ सोडली. बऱ्याच संशोधकांनी यावर संशोधन केले आहे. या सगळ्या पुराव्यांचा आपल्या संस्कृतीशी सांधा कसा जोडायचा?

- वाल्मिकी रामायणात अनेक ठिकाणी म्हटले आहे की, 'गंगा आणि यमुना एकत्र वाहत आहेत.' याचा अर्थ रामायण ५०,००० वर्षांपूर्वी घडलेले नाही.

भागवत पुराणात कृष्ण सांगतो, की एकाच तऱ्हेच्या पुराव्यांवर भरवसा ठेवू नये.

श्रुती: प्रत्यक्षमैतिहयं अनुमानं चतुष्टयम् ।
प्रमाणेश्वनवस्थानाद् विकल्पात स विरज्यते ॥

(भागवतपुराण, स्कंद ११)

श्रुती, प्रत्यक्ष प्रमाण, इतिहास, अनुमान या चार गोष्टींच्या आधाराने सत्य सिद्ध करावे.

विज्ञानात आपण Explanation, Prediction आणि Testing केल्याशिवाय काही सिद्ध झाले असे म्हणत नाही. कृष्ण अजून श्रुती आणि

इतिहासाची त्यात भर घालायला सांगतो आहे.

सरस्वती नदीचे संशोधक हे कसे करतात ते बघू या.

नदीची सही :

प्रत्येक नदीची स्वतःची अशी एक खासियत असते. सही म्हणता येईल त्याला. त्यावरून ती तीच नदी आहे असे खात्रीपूर्वक सांगता येते. वेगवेगळी ठिकाणे, वेगवेगळी माती, खडक, वेगवेगळे थर, मिनरल्स इत्यादी. सर्वसामान्यांना कळणार नाही कदाचित; पण तज्ज्ञांच्या लक्षात येईल.

उदाहरण द्यायचे झाले, तर river a आणि river b असे लिहिलेले हे चित्र बघा. दोन वेगवेगळ्या रंगांचे ठिपके दोन नद्यांचे प्रवाह दर्शवतात. त्या नदीच्या कोरड्या पडलेल्या पात्रात खणले असता दोन वेगवेगळ्या प्रकारचे थर सापडतील. त्यावरून त्यांचा काळ ठरवता येईल. दोन नद्या वेगळ्या असताना आणि नंतर संगम झाल्यावर काय फरक पडला, त्याचा अभ्यास करून हे ठरवता येते.

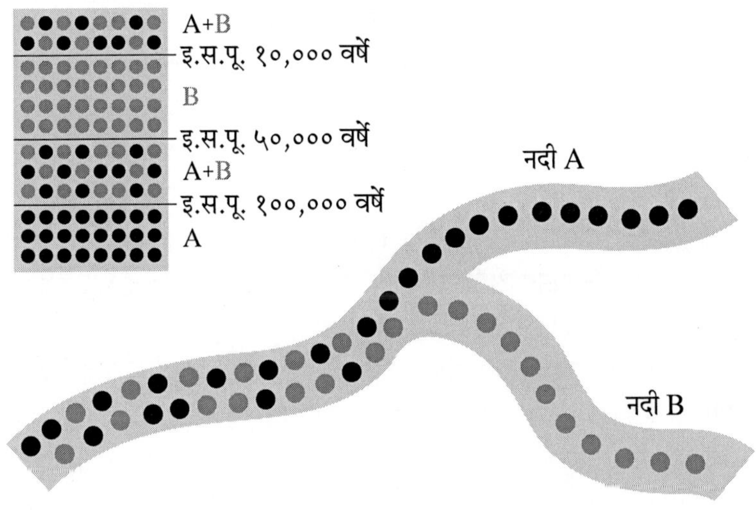

बारमाही वाहणाऱ्या नदीचा स्रोत हिमनदीच असतो का?

बारमाही वाहणाऱ्या नदीचा स्रोत हिमनदीमधूनच असावा लागतो, असे अनेक विद्वानांचे म्हणणे होते आणि इथेच गडबड होती. त्यांचे आणखी एक गृहीतक आहे, की इ.स.पू. ७००० ते इ.स.पू. ४५०० या दरम्यान बारमाही वाहणारी नदी ही उंच हिमालयातून येणारी आणि हिमनदीमधून मिळणाऱ्या पाण्यावरच वाहणारी नदी असते. त्यामुळे ऋग्वेद काळातली म्हणजे इ.स.पू. ७००० ते इ.स.पू. ४५०० या काळातली ही सरस्वती नदीच आहे. *गिरिभ्या: समुद्रा: सरस्वती* ही या काळातलीच असू शकते.

गृहीतकच जर चुकीचे असेल, तर निष्कर्ष चूकच निघणार.

नदी बारमाही असण्यासाठी तिला हिमनदीमधूनच पाण्याचा पुरवठा व्हावा लागतो असे नाही. भारतात आणि भारताच्या बाहेरही कितीतरी अशा मोठमोठ्या नद्या आहेत ज्या बारमाही वाहतात, पण त्यांना हिमनदीमधून पाण्याचा पुरवठा होत नाही. उदाहरणार्थ, चंबळ, बेटवा, शोण, नर्मदा, तापी, गोदावरी, कृष्णा, भीमा, तुंगभद्रा, कावेरी, वायगाय, ताम्रपर्णी इत्यादी नद्या.

हिमनदीमधून मिळणाऱ्या पाण्यावर वाहणारी नदीच बारमाही वाहणारी नदी असते का? यावर श्री. चॅटर्जी यांनी एक चांगला पेपर प्रसिद्ध केला आहे. या पेपरने आपल्या काही विद्वानांची पंचाईत केली.

हेन्री फ्रँकफर्ट, दवे, खोंडे यांसारख्या संशोधकांनी असे दाखवून दिले आहे, की गेल्या १०,००० वर्षांत अशी एकही नदी नव्हती, जी प्रचंड मोठी होती आणि हिमालयातून येऊन समुद्राला मिळत होती. अशी नदी होती, पण १०,००० वर्षांपूर्वी होती. गेल्या १०,००० वर्षांत नाही.

अनिंद्य सरकार यांच्या संशोधनाप्रमाणे (पृष्ठ क्र. ६०) ७००० ते ४५०० वर्षांच्या दरम्यान मान्सून फार मोठ्या प्रमाणात सक्रिय होता. अरेबियन समुद्र, राजस्थानातील तलाव, सिंधू-सरस्वतीचे पात्र सगळीकडून याला पुष्टी मिळते. सरस्वतीच्या पात्रात खूप मोठ्या प्रमाणात पाणी असण्याचे कारण होते मान्सूनचे मोठ्या प्रमाणात सक्रिय असणे.

हे पुरावे महाभारत काळातील सरस्वतीच्या मोठ्या प्रमाणातील पाण्याच्या नोंदींशी मिळतेजुळते आहेत. म्हणजेच महाभारत काळात सरस्वती वाहत होती; पण ऋग्वेद काळातील सरस्वतीच्या स्वरूपाशी तिची गल्लत करून चालणार नाही.

ऋग्वेदाच्या दहाव्या मंडलातील नदी सूक्ताचा (१०:७५) हवाला देऊन (जे बऱ्याच नंतरच्या काळातील आहे) आजचे विद्वान सांगतील, की इतर अनेक नद्यांच्या बरोबर सरस्वतीचेही नाव आहे; पण त्याच सूक्तात पुढे असेही म्हटले आहे, की सिंधू नदी ही सगळ्यात मोठी आहे. हे सूक्त नेमके केव्हा रचले गेले ते माहीत नाही; पण सरस्वती नदी ही सगळ्यात मोठी नदी इ.स.पू. १३०००पूर्वीच असू शकते.

निष्कर्ष :

- सरस्वती नदी भव्यदिव्य स्वरूपात इ.स.पू. १,७२,०००पासून इ.स.पू. २२०००पर्यंत वाहत होती.
- इ.स.पू. ५०,०००मध्ये यमुना नदी सरस्वतीपासून वेगळी व्हायला लागली.
- Last glacial maximumमुळे सरस्वती नदीचा प्रवाह बदलला; तरीही इ.स.पू. २२,००० ते इ.स.पू. १३,००० या काळात ती मोठ्या प्रवाहरूपात वाहत होती.
- इ.स.पू. १३,०००मध्ये शतुद्री (सतलज) नदी सरस्वतीपासून वेगळी झाली.
- महाभारतकाळादरम्यान (इ.स.पू. ५५६१) मान्सून फार मोठ्या प्रमाणावर सक्रिय झाला होता.

सत्य कायमच जिंकत आले आहे. आज आपण केलेले विधान उद्या खोटे ठरले, तर आपला सनातन धर्म ते स्वीकारतो. देश, काल आणि स्थितीप्रमाणे आपला सनातन धर्म बदलायला तयार असतो.

सनातनो नित्यनूतनः यास्काचार्य ।

इति सरस्वती आख्यान!

विभाग दुसरा
प्राचीन भारतीय खगोलविज्ञान :
निरीक्षणे, पुरावे, निष्कर्ष

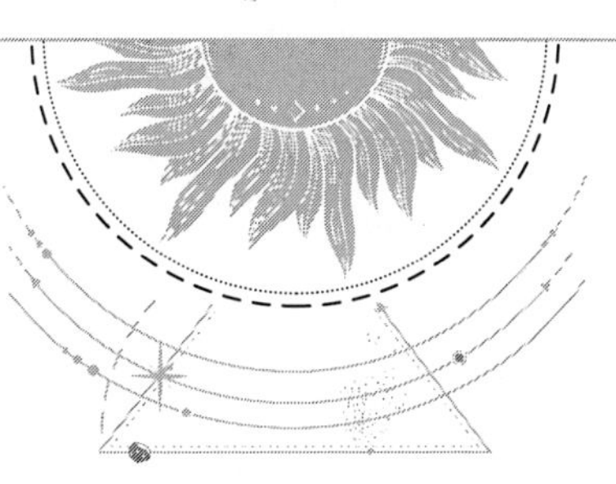

प्रकरण ८

राजा बृहद्रथाची विलक्षण भौगोलिक निरीक्षणे

आपल्या आणि पाश्चात्त्य देशांतील अनेक प्राचीन ग्रंथांत जलप्रलयाचे उल्लेख असतात; पण भारतीय सोडून इतर कुठल्याही ग्रंथात समुद्राची पातळी घटल्याचे, नद्या सुकल्याचे उल्लेख सापडत नाहीत. कारण या घटना last glacial maximum आधीच्या काळातील आहे. पाश्चात्त्यांचा इतिहास जेमतेम चार-पाच हजार वर्षांचा. त्यांना last glacial maximum मागे जाणे याची कल्पनासुद्धा करता येणार नाही. फक्त आपल्या प्राचीन वाङ्‌मयात याची उदाहरणे मिळतात, तीसुद्धा खगोलशास्त्रीय नोंदींसकट.

ते उदाहरण म्हणजे अगस्त्य ऋषींनी सागर प्राशन केल्याचे. तो काळ last glacial maximumच्या काळाशी जुळतो आहे. त्याचबरोबर दक्षिणेकडील अगस्त्य तारा उत्तरेतील कुरुक्षेत्रापर्यंत एके काळी दिसत असल्याची नोंद आहे, जसे आता आपल्या काळात अगस्त्य कुरुक्षेत्रापर्यंत दिसत आहे.

पृथ्वीच्या अक्षाच्या परांचन गतीमुळे आणि संपात बिंदूंच्या चलनामुळे काही विशिष्ट तारे जे फक्त विंध्य पर्वताच्या दक्षिण भागातच १३,००० वर्षे दिसत होते, तेच विंध्य पर्वताच्या उत्तर भागात नंतरची १३,००० वर्षे दिसत होते. याचा अर्थ दक्षिण ध्रुव तारा म्हणून माहीत असलेला अगस्त्य तारा (Canopus) त्याची दक्षिण ध्रुवाची जागा सोडून आता उत्तरेत कुरुक्षेत्रापर्यंत दिसू लागला आहे.

भारतीय प्राचीन वाङ्मयात अजून अशी काही उदाहरणे सापडतात का, ज्यात समुद्राच्या पाण्याची पातळी घटली असल्याचे निदर्शनास येते? तर ती म्हणजे परशुरामांनी सागर हटवून कोकण / केरळची भूमी संपादन केल्याचा उल्लेख सापडतो.

मैत्रायणी आरण्यक उपनिषदात असा उल्लेख आहे, ज्यात अक्षाच्या चलनाचा उल्लेख सापडतो...

अथ किमेतैर्वान्यानां शोषणं महार्णवानां शिखरिणां प्रपतनं

ध्रुवस्य प्रचलनं स्थानं वा तरूणां निमज्जनं पृथिव्या: स्थानादप्रसरणं

यातून हे सांगण्याचा प्रयत्न दिसतो आहे की जो उत्तर ध्रुव तारा आपण अचल, स्थिर समजत होतो, तो स्थिर नसून आपली जागा बदलतो.

मैत्रायणी आरण्यक उपनिषदात राजा बृहद्रथ आणि शाक्यायन ऋषी यांच्यातील संवाद आहे. पाण्याची घटती पातळी म्हणजे समुद्राचे आटणे, ध्रुव ताऱ्याचे चलन, पर्वतांचे ढासळणे इत्यादी चिन्हे बघून बृहद्रथ राजा सचिंत झाला आहे. त्यामुळे त्यांच्या संवादाची सुरुवात वैराग्यपूर्ण संवादांनी होत असली, तरी त्यातून पुढे कालबोधसुद्धा होतो. त्यात खगोलशास्त्रीय उल्लेख, बदलते आकाश, भौगोलिक धोके, वंशावळीचा (त्यातच मानव, प्राणी आणि वनस्पतींच्या वाढीचा आढावा) उल्लेख येतो.

बृहद्रथ हा अतिप्राचीन काळातील इक्ष्वाकु वंशातील राजा आहे. मैत्रायणी आरण्यक उपनिषद आणि ऋग्वेद सोडून इतर ठिकाणी याचे नाव आपल्याला कुठे सापडत नाही. त्याने अनेक राजांची नावे सांगितली आहेत, वंशावळी सांगितल्या आहेत; पण त्यात तो श्रीरामाचे नाव घेत नाही, जो खरे तर सिद्ध इतिहास आहे. इक्ष्वाकु वंशातील हरिश्चंद्र राजाच्या उल्लेखानंतर तो थांबतो आहे. त्यात भरत, मरुत्त आणि आविक्षित या दुसऱ्या शाखेतील राजांचा उल्लेख तो करतो. याचाच अर्थ तो रामायण काळाच्याही कितीतरी आधीच्या काळातला आहे. अन्यथा श्रीरामासारख्या महत्त्वाच्या राजाचा उल्लेख तो करणार नाही, हे शक्य नाही.

त्याचे दुसरे निरीक्षण समुद्राच्या पाण्याची पातळी कमी होण्याचे म्हणजे बरीच जमीन उघडी पडली असण्याचे आहे. त्याचे अजून एक निरीक्षण म्हणजे, ध्रुव तारा त्याच्या ठरलेल्या स्थिर स्थितीपासून फारच लांब गेला आहे हे आहे.

मैत्रायणी आरण्यक उपनिषदात असे येते की, संवत्सर म्हणजे वर्ष, त्याची

सुरुवात मघा नक्षत्रात होते. वसंत संपात मघा नक्षत्रात होत होता, म्हणजे वर्षाची सुरुवात वसंत ऋतूने होत होती. अशी परिस्थिती ८००० वर्षापूर्वी आली होती, त्यानंतर नाही. आणि त्याच्याही आधी जेव्हा बृहद्रथ राजा होता, तेव्हा आली होती, असे नोंदी सांगतात.

८००० ते ९००० वर्षापूर्वी जेव्हा मघा नक्षत्रात वसंत संपात येत होता, तेव्हा समुद्राच्या पातळीत वाढच होत होती, त्याची पातळी कमी होत नव्हती आणि इकडे राजा बृहद्रथ चिंतेत आहे, की समुद्राची पातळी कमी होते आहे. याचाच अर्थ बृहद्रथाचा काळ ८००० वर्षांच्या खूप आधीचा होता आणि मघा नक्षत्रात वसंत संपात येण्याचा ८००० वर्षापूर्वीचा काल येतो ३४,००० वर्षापूर्वीचा.

यावरून एवढे तरी नक्की सिद्ध होते, की इक्ष्वाकु वंशात ऋग्वेद काळात हा राजा बृहद्रथ होऊन गेला. तो शाक्यायन ऋषीशी बोलताना त्या काळात घडणाऱ्या भौगोलिक घडामोडीबद्दल चिंता व्यक्त करतो आहे.

खगोलीय उल्लेखांवरून मघा - अग्नी - वसंत ऋतु - संवत्सराची सुरुवात यांचा एकमेकांशी असलेला संबंध समजतो. अग्नी म्हणजे वसंताचे पर्यायी नाव आहे. त्या काळात घाम जास्त येतो असासुद्धा स्पष्ट उल्लेख तिथे येतो. याचा अर्थ ज्या काळात मघा नक्षत्रात संवत्सराची सुरुवात होत होती तो काळ, चक्राप्रमाणे दोन वेळा म्हणजे एकदा ८००० वर्षापूर्वी आणि एकदा ३४,००० वर्षापूर्वी येत होता. समुद्राच्या पाण्याच्या आटण्याचा उल्लेख फक्त ३४,००० वर्षापूर्वीच येतो.

बृहद्रथ हा इक्ष्वाकु कुळातला राजा इतक्या प्राचीन काळात होऊन गेला आहे, याचाच अर्थ आपल्या देशाचा इतिहास इतका प्राचीन आहे. तेवढ्या प्राचीन काळापासून आपल्याला भौगोलिक आणि खगोलीय ज्ञान होते. ते नोंदवून ठेवण्यासाठीची अत्यंत प्रगल्भ आणि तेजस्वी अशी संस्कृत भाषा तेव्हापासूनच आपल्याला अवगत होती!

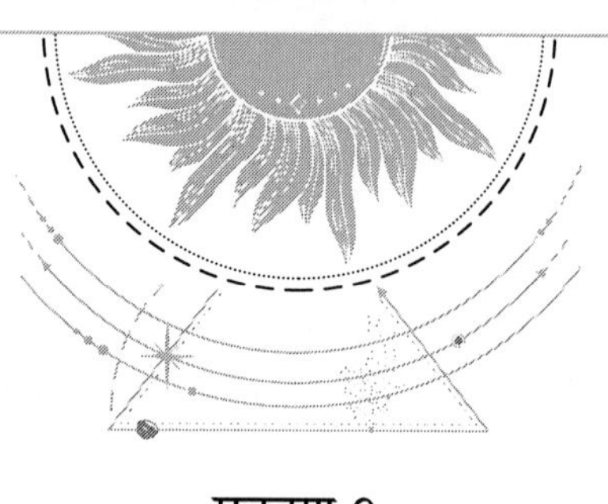

प्रकरण ९

कृत्तिका, रूक्ष आणि आरक्ष

आपल्या प्राचीन शास्त्रज्ञांनी आकाशाचा, तारे, तारकासमूह आणि त्यांच्या हालचालींचा इतका सूक्ष्म अभ्यास केला होता, की त्याबद्दल वाचून थक्क व्हायला होते.

आपल्याला आता माहीत आहे, की दर काही हजार वर्षांनंतर आपला ध्रुव तारा बदलतो. जेव्हा थुबान हा आपला ध्रुव तारा होता, साधारण इ.स.पू. ३०००, तेव्हा आपल्याला माहीत असलेले सप्तर्षी वेगळ्या स्थानी होते. म्हणजे अगदी उत्तर दिशेला होते. आता बघायला गेलो, तर सप्तर्षी थोडे ईशान्येला उगवतात आणि वायव्येला मावळतात. त्याच वेळी कृत्तिका बरोबर पूर्वेला उगवतात. सप्तर्षी आणि कृत्तिका यांच्यातले अंतर काही काळानंतर बदलते, कमी-जास्त होत राहते असे उल्लेख आपल्या प्राचीन वाङ्मयात आले आहेत. सप्तर्षी आणि कृत्तिका यांचा एकत्रित उल्लेख शतपथ ब्राह्मणात येतो, रामायणात येतो आणि महाभारतातही येतो. सप्तर्षी काही काळ उत्तर ध्रुवाच्या खूप जवळ जातात म्हणजे उत्तरेला जातात, तर काही काळ लांब म्हणजे ईशान्य दिशेकडे सरकतात. साधारण दर २००० वर्षांनी हा फरक पडतो. या सगळ्या निरीक्षणांवरून एक कथा बांधली गेली. ती अशी...

आपल्या पुराणात एक कथा प्रसिद्ध आहे. महादेवाचे तेज अग्नीने गंगेत अर्पण केले आणि त्या तेजातून कुमाराचा जन्म झाला. काही ठिकाणी अग्नीने ते तेज सहा

कृत्तिकांच्या ठिकाणी स्थापन केले आणि षडाननाचा जन्म झाला असे येते. त्याला सहा मुखे होती. स्कंद, कुमार, कार्तिकेय किंवा षडानन ही एकाचीच नावे, जो खरे तर शिव-पार्वतीचा पुत्र. कृत्तिकांनी त्याचे पालनपोषण केले, आपले स्तन्य दिले म्हणून तो कार्तिकेय. म्हणून त्या षण्मातृका म्हणूनसुद्धा ओळखल्या जातात. पण यामुळे सहा कृत्तिका बदनामही झाल्या.

आपल्या पुराणात सप्तर्षींच्या पत्नी म्हणजे या कृत्तिका. त्यांनी स्कंदाला जन्म दिला या समजातून त्यांच्या पतींनी म्हणजे सप्तर्षींतील सहा ऋषींनी त्यांचा त्याग केला. ते त्यांच्यापासून लांब गेले. अरुंधती मात्र पतिव्रता म्हणून मान्यता पावली होती. ती एकटीच आपल्या पतीबरोबर म्हणजे सप्तर्षींतील वसिष्ठांबरोबर राहिली. प्रत्यक्ष आकाशात असेच चित्र दिसते.

सप्तर्षींना ऋक्ष म्हणजे अस्वल असेही नाव पुराणात आहे. तसेच आपण ज्याला आता ध्रुव मत्स्य म्हणतो - ज्यात आपला ध्रुव तारा आहे, त्याला एके काळी आरक्ष नाव होते. याचा उल्लेख ऋग्वेदात आहे. छोटे अस्वल आणि मोठे अस्वल. पाश्चात्त्य नावसुद्धा Ursa Major आणि Ursa Minor म्हणजे छोटे आणि मोठे अस्वल असेच आहे.

अजून एक गोष्ट लक्षात घेण्यासारखी आहे, ती म्हणजे सप्तर्षी आणि कृत्तिकांचा आकार. चित्रात बघून तुमच्या लक्षात येईल की एखाद्या पतंगासारखा किंवा चमच्यासारखा यांचा आकार आहे. फक्त सप्तर्षी खूप मोठे आहेत, तर कृत्तिका खूप

कृत्तिका

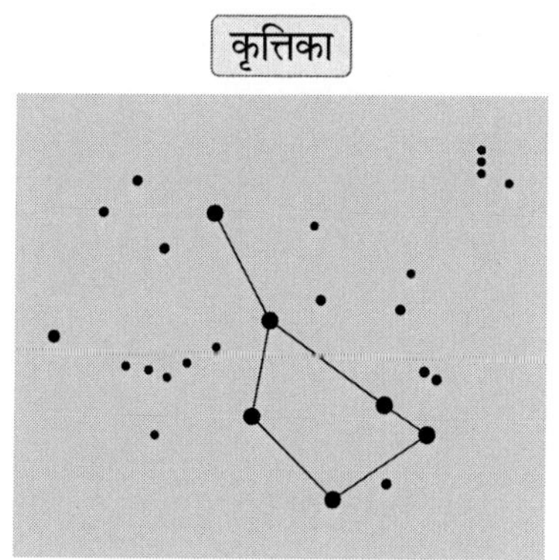

अंबा, दुला, नितत्नी, मेघयंती,
अभ्रयंती, वर्षयंती, चुपुणिका

सप्तर्षी

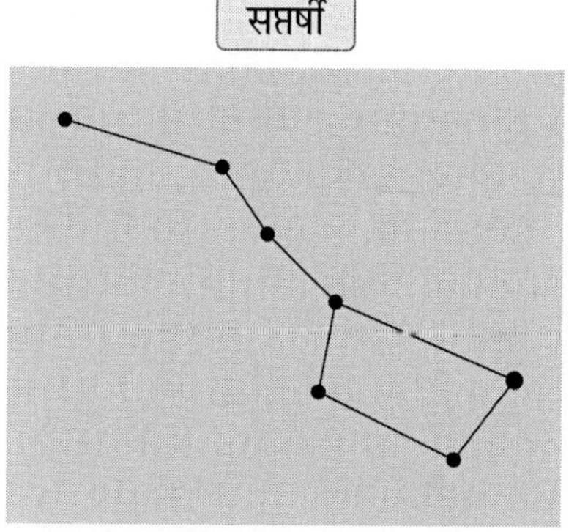

क्रतु, पुलह, पुलत्स्य, अत्रि, अंगिरा,
वसिष्ठ आणि मरिची - अरुंधती

छोट्या आहेत. कृत्तिकांमध्ये सहा तारे आहेत; तर सप्तर्षींत सात तारे आणि जोडीला अरुंधती आहे.

आपल्या पुराणात त्यामुळे काही ठिकाणी सप्तमातृका असा उल्लेख येतो, तर काही ठिकाणी षण्मातृका. तैत्तिरीय ब्राह्मणात सप्तमातृका असा उल्लेख येतो. वेरूळ येथील कैलास लेण्यांमध्येही सप्तमातृका आहेत. मात्र शतपथ ब्राह्मणात, रामायणात आणि महाभारतातही कृत्तिकेच्या सहा तारकांचा उल्लेख येतो. सप्तमातृका आणि षण्मातृका यांचे उल्लेख वेगवेगळ्या काळातल्या वाङ्मयात येतात.

वरील विवेचनावरून एक नक्की सिद्ध होते, की आपल्या पूर्वजांची निरीक्षणशक्ती, त्यातून त्यांनी काढलेला अर्थ आणि सामान्यांपर्यंत हे ज्ञान पोहोचवण्यासाठी त्याची कथेत केलेली गुंफण हे सगळेच अभूतपूर्व आहे. विलक्षण मेधावी होते आपले पूर्वज एवढं नक्की! त्यांना शतशः प्रणाम!

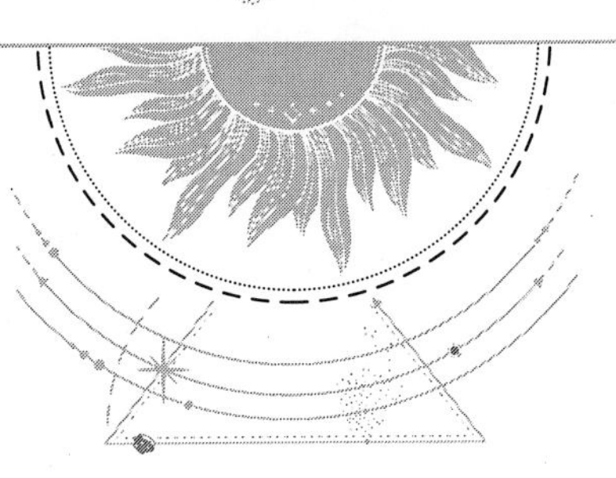

रोहिणी शकट भेद

रोहिणी शकट भेद ही अशी घटना आहे, की त्याचा शास्त्रशुद्ध अभ्यास आणि नोंद फक्त आपल्या अतिप्राचीन वाङ्मयात सापडते. त्यासाठी आधी रोहिणी शकट भेद म्हणजे काय ते जाणून घेऊ.

नक्षत्र मंडळातल्या बारा राशींपैकी वृषभ (Taurus) ही एक रास आहे. म्हणजे एक तारकासमूह आहे. चित्रात दाखवल्याप्रमाणे त्यातला ठळक पण लालसर दिसणारा तारा म्हणजे रोहिणी आहे. त्या वृषभाचा रोहिणी तारा म्हणजे डोळा मानला जातो. रोहिणी, गर्ग आणि अजून काही तारे मिळून इंग्रजी 'V'च्या आकारात आपल्याला वृषभाचा टोकाचा भाग दिसतो. त्या V आकाराच्या तारकासमूहाला 'शकट' म्हणतात. शकट म्हणजे खटारा, जो एखाद्या जनावराच्या मदतीने ओढला जातो. शकटाच्या वरच्या बाजूला आयनिक वृत्त किंवा Ecliptic आहे.

बुध, शुक्र आणि गुरू या ग्रहांच्या कक्षा आयनिक वृत्ताच्या जवळून जातात; त्याच्यापासून फार लांब कधीच जात नाहीत. त्यामुळे ते ग्रह या रोहिणी शकटाच्या कधीही जवळ येत नाहीत. त्यामुळे बुध, शुक्र आणि गुरू यांच्यामुळे रोहिणी शकट भेद कधीच होत नाही. या उलट चंद्र मात्र वारंवार रोहिणी शकटाच्या जवळून जातो. चंद्राची कक्षा आयनिक वृत्तापासून ५° वर किंवा ५° खाली जाते, त्यामुळे चंद्र रोहिणी शकटाच्या जवळ जाऊच शकतो. आता राहिले दोनच ग्रह जे साध्या डोळ्यांनी दिसू शकतात आणि ते आहेत मंगळ आणि शनी.

प्राचीन भारतीय वाङ्मयात असे सांगितले आहे, की मंगळ किंवा शनी या शकटाच्या आत किंवा जवळून जाऊ शकतात आणि तसे ते गेले, तर त्याला रोहिणी शकटाचा भेद झाला, असे म्हणतात. हे सूर्यसिद्धान्तात आले आहे.

वृषे सप्तदशे भागे यस्य याम्योऽशक द्वयात ।

विक्षेपोऽभ्यधिको भिन्द्यात रोहिण्याः शकटं तु सः ।।

सूर्यसिद्धान्तात असे थोडक्यात सांगितले आहे. कारण तो ग्रंथ प्राथमिक माहिती देणारा नसून या विषयातल्या तज्ज्ञांसाठी आहे. वराहमिहिराच्या बृहत्संहितेमध्ये मात्र याबद्दल जास्त सविस्तर माहिती येते. त्यात म्हटले आहे :

रोहिणी शकटमर्कनंदनो यदि भिनंती रुधिरो ऽ धवा शिशी ।

किं वदामी यदनिष्टसागरे जगदशेषमुपयाति संक्षयम ।।

रोहिणी शकट अर्क नंदनो... यातील अर्क नंदनो म्हणजे सूर्याचा मुलगा शनी किंवा मंगळ. हे जर रोहिणी जवळ आले, तर तो एक मोठा अशुभ शकुन झाला असे समजतात. पृथ्वीवासीयांसाठी ते फार वाईट असे समजले जाते.

हे त्यांनी कशावरून ठरवले असेल, तर वर्षानुवर्षांच्या सखोल निरीक्षणांनंतर हा अर्थ आपल्या प्राचीनांनी काढला असावा. कदाचित काही वाईट गोष्टी किंवा प्रचंड मोठे संकट पृथ्वीवर आले, तर आकाशात काही खुणा सापडतात का त्याचे निरीक्षण त्या काळी लोकांनी केले असावे. किंवा याउलट आकाशात ग्रहण दिसणे किंवा यासारखे त्या काळी वाईट समजले जाणारे काही दिसले, निरीक्षण केले, तर त्याचा संबंध त्या संकटांशी लावला गेला असेल. काहीही असले, तरी आपल्या प्राचीनांच्या बुद्धीला, त्यांच्या निरीक्षणांना सलाम आहे.

वराहमिहिराचा नक्की काळ सांगता येत नाही ; पण किमान २००० वर्षांपूर्वींचा असावा. सूर्यसिद्धान्ताचा काळ तर ४०,००० वर्षे मागेपर्यंत पोहोचतो.

ग्रह लाघव म्हणते - गणेश दैवज्ञ सोळावे शतक

भौम्याक्यौः शकटभिंदा युगांतरे स्यात ।

सेदानीं न हि भवति दृशि स्वपाते ।।

भूमीचा अर्क म्हणजे पृथ्वीचा पुत्र मंगळ आणि शनी हे रोहिणी शकट भेद करण्यास सक्षम आहेत; पण आपल्या काळात हे होणार नाही. मात्र ज्या अर्थी आपल्या प्राचीन ग्रंथात याचा उल्लेख आला आहे, त्याअर्थी त्या काळी असे घडले असावे.

आता शकट भेदाच्या बाबतीतील नोंदींच्या बाबतीत बघू.

शं. बा. दीक्षित हे भारतातीलच नव्हे, तर जगातील मोठे शास्त्रज्ञ होते जे दुर्दैवाने भारतीयांनाही माहीत नाहीत. साधारण दीडशे वर्षांपूर्वी, कुठलेही सॉफ्टवेअर नसताना कागदावर गणित करून त्यांनी मंगळ, शनी यांच्या स्थिती त्यांच्या कक्षा यांची गणिते मांडली. गणिताच्या साहाय्याने त्यांनी एवढे ठामपणे सांगितले, की मंगळ आणि शनी यांनी रोहिणी शकट भेद केला आहे, पण ५००० वर्षांपूर्वी. अगदी बरोबर तारीखच सांगायची झाली, तर शेवटची शकट भेदाची घटना घडली असेल ती ५२९४ इ.स.पूच्या आसपास.

अगदी आताच्या काळात TIFR (Tata Institute of Fundamental Research)च्या प्रो. वाहिया, प्रसिद्ध खगोल अभ्यासक मोहन आपटे, पराग महाजनी, श्री. जामखेडकर यांनी या घटनेचा अभ्यास केला आहे. यांनी Jet Propulsion Lab आणि हबल दुर्बिणीकडून मिळणारा डेटा यांची मदत घेऊन प्राचीन काळी केव्हा आणि किती वेळा ही घटना घडली असेल याचा शोध घ्यायचा प्रयत्न केला. मंगळाने किती वेळा शकट भेद केला याचा ते शोध घेत होते. शनी हे करू शकत नाही, असे त्यांचे ठाम मत होते. गेल्या १२,००० वर्षांचा डेटा त्यांनी अभ्यासला आणि मंगळाने केलेल्या शकट भेदाच्या घटनांच्या चार तारखा काढल्या. त्या आहेत इ.स.पू. ९८६०, इ.स.पू. ९३७१, इ.स.पू. ९३३९, इ.स.पू. ५३८४. ही ती वर्षे आहेत. मात्र शनी कधीही शकट भेद करणार नाही, असे त्यांचे ठाम म्हणणे होते.

अजून एक भारतीय खगोलशास्त्रज्ञ श्री. के. चंद्रा हरी. त्यांनी शकट भेदाचीच व्याख्या थोडी बदलली. त्यांच्या मते गर्ग ताऱ्याच्या 2^0 जवळ जरी एखादा ग्रह आला, तर शकट भेद झाला असे म्हणता येईल. ही व्याख्या त्यांनी आपल्या सोईनुसार केल्यासारखी वाटते. असा रोहिणी शकट भेद होऊच शकत नाही. त्यांचे म्हणणे मंगळ कधीच शकट भेद करत नाही. शिवाय त्यांच्या पूर्वग्रहानुसार ते ३००० वर्षांच्या मागे जायला तयारच नाहीत. त्यांना वाहियांचे म्हणणे मान्य नव्हते. वाहियांच्या मते शनी कधीच शकट भेद करत नाही, तर चंद्रा हरी यांच्या मते मंगळ

कधीच शकट भेद करत नाही. आणि बाकीच्या जगाला हे भारतीय काय बोलतात या कशाचाच पत्ता नाहीये.

आताचा तरुण शास्त्रज्ञ अमेय मोडक याने आधुनिक सॉफ्टवेअर वापरून हे सप्रमाण सिद्ध केले आहे, की मंगळाने शकट भेद केला आहे आणि तेसुद्धा त्या त्रिकोणाच्या आत जाऊन, बाहेरून नाही.

वाहिया आणि इतर यांची वर्षे	अमेय मोडक यांची वर्षे
इ.स.पू. ९८६०	इ.स.पू. ९८६२
इ.स.पू. ९३७१	इ.स.पू. ९३७३
इ.स.पू. ५२८४	इ.स.पू. ५२८६
इ.स.पू. ९३३९	परस्परसंबंधित उदाहरण नाही.

तक्त्यामध्ये दाखवले आहे की वाहिया टीमचे काय म्हणणे आहे आणि अमेय मोडक यांचे काय म्हणणे आहे. तक्त्यामध्ये दोघांच्या निरीक्षणाच्या सालामध्ये सातत्याने दोन वर्षांचा फरक दिसतो आहे. वाहियांच्या म्हणण्याप्रमाणे इ.स.पू.९८६०, इ.स.पू. ९३७१, इ.स.पू. ५२८४ आणि इ.स.पू. ९३३८. अमेय मोडक यांच्या निरीक्षणाप्रमाणे पहिली तीन वर्षे दोन वर्षांच्या फरकाने सारखीच येताहेत, पण इ.स.पू.९३३८ या वर्षी मात्र मंगळाकडून शकट भेद झाला नाही. इ.स.पू. ९३४१ या वर्षात वाहियांच्या म्हणण्याप्रमाणे मंगळाने शकट भेद केला होता, पण प्रत्यक्ष चित्र बघितल्यावर समजते, की मंगळ त्या त्रिकोणाच्या आतमध्येच नाहीये, त्रिकोणाच्या बाहेर आहे. मंगळ ग्रह गर्ग तार्‍याजवळ पण त्रिकोणाच्या आत होता, ते साल आहे इ.स.पू. ५२८६. मंडळी ही घटना रोहिणी शकट भेदाची जी इ.स.पू. ५२८६मध्ये घडली आहे, ती अतिशय अतिशय विरळा म्हणावी अशी घटना आहे. खूप दुर्मीळ अशी घटना, जी गेल्या ६००० वर्षांत घडली नाही. पण आपण गेल्या १५,००० वर्षांचा इतिहास बघितला, तर त्या काळात ही घटना दहा वेळा तरी घडली आहे. मंगळ रोहिणीजवळ साधारण दर दोन वर्षांनी येतो. रोहिणीजवळ येतो, शकटाच्या आत नव्हे. म्हणजे गेल्या १३००० ते १४००० वर्षांत तो किमान ७००० वेळा तरी रोहिणीजवळ आला आहे आणि त्यातल्या फक्त दहा वेळा शकट भेद केला आहे.

अमेय मोडक यांनी घेतलेल्या आढाव्यात त्यांनी नवीन किमान मर्यादा (lower limit) शोधली आहे, म्हणजे उशिरात उशिरा इ.स.पू. ४३५५मध्ये शेवटची घटना घडली आहे. नीलेश ओक यांनी इ.स.पू. ५५७० हे साल शोधले आहे. खाली दिलेल्या आकृत्या शनी किंवा मंगळ यांमुळे शकट भेद कसा होतो ते दाखवतात.

शनीद्वारे झालेला रोहिणी शकट भेद

शं. बा. दीक्षित यांनी सूर्यसिद्धान्ताचा सखोल अभ्यास केला होता. त्यांची अशी श्रद्धा होती, की सूर्यसिद्धान्तामध्ये सांगितले आहे, की शनीने रोहिणी शकट भेद केला याचा अर्थ ही घटना निश्चित झाली आहे. एकोणिसाव्या शतकात न्यूटनवर लोकांचा जसा विश्वास होता, त्याप्रमाणे दीक्षितांचा सूर्यसिद्धान्तावर विश्वास होता. ५००० वर्षांपूर्वी शनीने रोहिणी शकट भेद केला होता, यावर त्यांचा ठाम विश्वास होता. मात्र इथे ते थांबले आहेत, कारण त्या वेळी त्यांच्याजवळ इतक्या मोठ्या प्रमाणावर, मोठ्या काळासाठी आकडेमोड करायची काही साधने नव्हती.

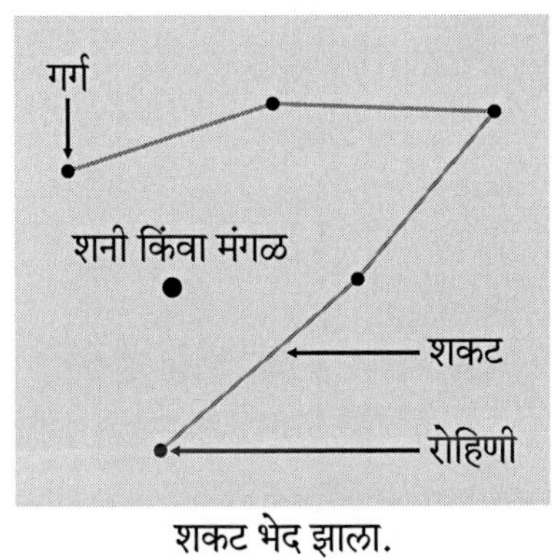

शकट भेद झाला.

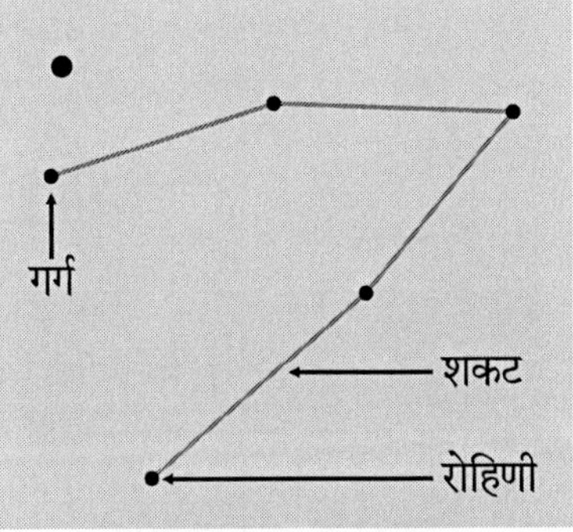

शकटाच्या बाहेर असल्यास शकट भेद होत नाही.

चंद्रा हरी यांनी रोहिणी शकट भेदाची व्याख्याच बदलून शनीने शकट भेद केल्याचे दाखवायचा प्रयत्न केला. पण मंगळाने शकट भेद केल्याचे मानायला ते तयार नाहीत.

वाहिया टीम म्हणते, की शनीने शकट भेद केलाच नाही. तेही पूर्णपणे चुकीचे ठरले आहेत. शनीने शकट भेद केल्याच्या दोन घटना आहेत. इ.स.पू. ८१०५ आणि

इ.स.पू.८०४६ ही ती दोन वर्षे आहेत. वराहमिहीर म्हणतात किंवा सूर्यसिद्धान्त सांगतो, त्याप्रमाणे या घटना म्हणजे वाईट घडण्याचा संकेत, अपशकुन होता की काय?

नेमक्या याच काळात म्हणजे इ.स.पू. ८००० ही जी 'टाइमफ्रेम' आहे, त्याच काळात - म्हणजे १०००० वर्षांपूर्वी, तो काळ नेमका Younger dryasचा काळ आहे. (अतिशय थोड्या कालावधीत उत्तर गोलार्धात अतिशीत वातावरण तयार झाले, तर दक्षिण गोलार्धात उबदार वातावरण होते. त्याला Younger dryas म्हणतात.)

इंडॉलॉजीचे पाश्चात्य तज्ज्ञ भारतीय खगोलशास्त्र फक्त १५०० वर्षे जुने आहे या गोष्टीवर अडले आहेत. भारतीय खगोलशास्त्र अतिप्राचीन आहे हे ते मानायलाच तयार नाहीत. कारण... अहंकार आड येतो! दुसरी कुठली संस्कृती - विशेषतः भारतीय संस्कृती जिला आतापर्यंत पाश्चात्त्य लोक मागासलेले समजत होते ती – त्यांच्या ज्ञानपरंपरेपेक्षा जास्त प्राचीन आणि समृद्ध आहे, हे पचवणे त्यांना जडच जाणार! Pro-Indic संशोधक चुकतमाकत, अडखळत फार तर इ.स.पू. ४०००पर्यंत पोहोचतात. त्यांनाही ठामपणे आपले म्हणणे मांडण्याची हिंमत होत नाही.

सूर्यसिद्धान्त हा ग्रंथ ठामपणे भारतीय खगोलशास्त्राचे अतिप्राचीनत्व सांगतो. आर्यभटीय ग्रंथसुद्धा प्राचीन काळी रचला गेला आहे.

एकूण काय तर 'रोहिणी शकट भेद' या घटनेची नोंद जगातल्या कुठल्याही इतर संस्कृतीमध्ये केली गेलेली नाही. ही अत्यंत महत्त्वाची खगोलशास्त्रीय घटना आहे. तरीही, कित्येकांना याबद्दल काडीमात्रही कल्पना नाहीये. मात्र ही घटना आणि त्याची झालेली आपल्या अतिप्राचीन वाङ्मयातील नोंद लक्षणीय आहे.

या संशोधकांनी गेल्या इ.स.पू. ५०००पासून ते मागे इ.स.पू. १३,०००पर्यंत एवढ्याच काळातल्या घटना शोधल्या आहेत. त्याच्याही आधी अशा घटना घडल्या नाहीत असे नाही; पण अजून त्याच्या मागे जाऊन कोणी शोध घेतलेला नाही एवढेच. साधारण १४००० ते १५००० वर्षांपासून या घटना घडल्याचे शोध लागले आहेत; त्याचा उल्लेख आपल्या प्राचीन वाङ्मयात येतो. याचा अर्थ अशा घटनांबद्दलचा विचार, त्यांची निरीक्षणे, त्यांचा अर्थ लावणे आणि नोंद

करून ठेवणे, त्या घटनेचा पृथ्वीवरील परिणाम नोंदणे इत्यादी. गोष्टी त्याच्याही आधीच्या काळात घडल्या असल्या पाहिजेत. त्याशिवाय वाङ्मयात त्याची नोंद होणार नाही. याचाच अर्थ आपली संस्कृती किती प्राचीन आहे, याचा विचार करा. इ.स.पू. ४०००० ते ५०००० वर्षांपर्यंत तर सहजच तो काळ जातो, असे म्हणायला हरकत नाही.

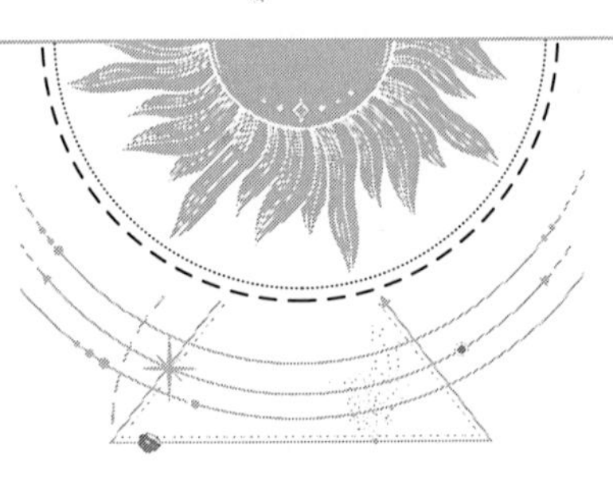

प्रकरण ११

गुरूच्या चार नर्तकी आणि शनीचे सात हात!

महाभारतात चार वेगवेगळ्या ठिकाणी गुरूचे वर्णन आले आहे. त्यावरून आपण ७५०० वर्षे मागे जाऊ शकतो. शनीचेही वर्णन असेच सहा ठिकाणी आले आहे. 'भीष्म पर्वा'तील खालील श्लोकात गुरू आणि शनी या दोन्हींचे उल्लेख आहेत.

ग्रहौ ताम्रारुणशिखौ प्रज्वलन्ताविव स्थितौ ।

सप्तर्षीणामुदाराणां समवच्छाद्य वै प्रभाम् ॥

संवत्सरस्थायिनौ च ग्रहौ प्रज्वलितावुभौ ।

विशाखयो: समीप बृहस्पतिशनैश्चरौ ॥

भीष्मपर्व, अध्याय ३

याचा अर्थ नीट समजून घेण्यासाठी आपण श्लोकाच्या शेवटाकडून सुरुवात करू. बृहस्पतिशनैश्चरौ म्हणजे गुरू आणि शनी हे ग्रह विशाखा नक्षत्राच्या जवळ स्थित होते. हे ग्रह *प्रज्वलितावुभौ* म्हणजे तेजस्वी दिसत आहेत आणि एका संवत्सरापुरते म्हणजे एका वर्षापुरते स्थिर झाले आहेत. *समवच्छाद्य वै प्रभाम्* म्हणजे ते कशाची तरी प्रभा म्हणजे तेजस्विता आच्छादित करत आहेत. कशाची, तर *सप्तर्षीणामुदाराणां* म्हणजे सप्तर्षींच्या ताऱ्यांची. ते खूप जास्त तेजस्वी दिसत आहेत; अगदी सप्तर्षी ताऱ्यांच्या तेजस्वितेला मागे टाकत आहेत आणि त्यांच्यावर तेजस्वी तांब्याच्या रंगाच्या शिखा (ताम्रारुणशिखौ) म्हणजे शेंडी असल्यासारखी दिसते आहे. (या ताम्रारुणशिखौ यांचा अर्थ लावणे बऱ्याच जणांना अवघड गेले

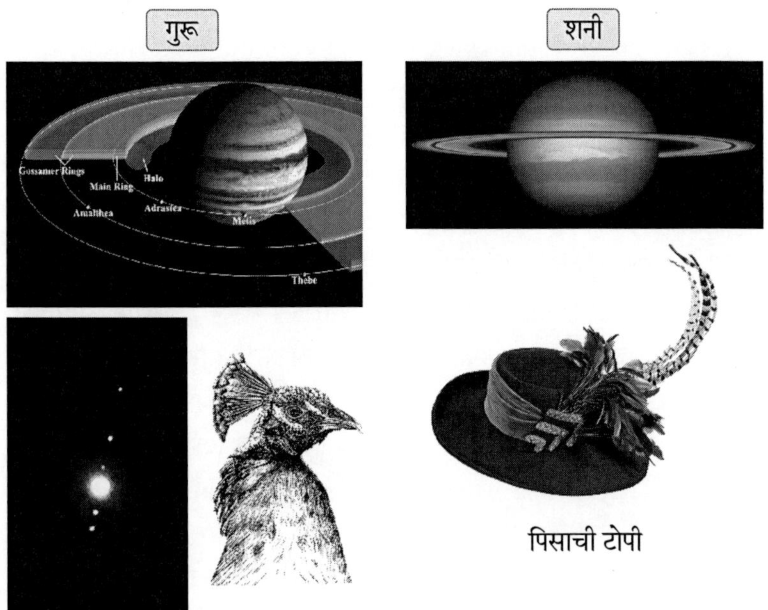

पिसाची टोपी

गुरू आणि त्याचे चार चंद्र

आहे. संस्कृत भाषेचे हेच सौंदर्य आहे, खासियत आहे की त्यातल्या शब्दांना अनेक अर्थ असतात. पण त्या त्या ठिकाणी तो तो अर्थ चपखल बसतो. तिथे दुसरा शब्द बसूच शकत नाही.)

शिखा या शब्दाचे अर्थ - spike, sharp end, projection, pointed flame, plume, peacock's crest or comb, nipple इतके वेगवेगळे होऊ शकतात. चित्रात दाखवल्याप्रमाणे आपण तुलना करू शकतो. शेवटच्या ओळी ७५८३ वर्षापूर्वींचा काळ निर्देशित करतात.

पहिल्या ओळीचा अर्थ नीट बघू. ग्रहांच्या बाबतीत *ताम्रारूणशिखौ* या शब्दाच काय अर्थ लावायचा?

महाभारतात अशी काही खगोलशास्त्रीय नोंदी आहेत, ज्या दुर्बिणसदृश्य उपकरण असल्याशिवाय करणं शक्य नाहीत. शनीची कडी बऱ्याच काळापासून माहीत आहेत. गुरूची कडी साध्या डोळ्यांनीच काय, छोट्या दुर्बिणीनेसुद्धा दिसत नाहीत. महर्षी व्यास *ताम्रारूणशिखौ* हा शब्द ग्रहांच्या चंद्रासाठी वापरत आहेत.

'गुरूच्या चंद्राचा शोध कधी आणि कोणी लावला?' असे विचारले की लगेच आपले उत्तर येते गॅलिलिओ. इथे जो गुरूच्या चार चंद्राचा फोटो दाखवला आहे, तो खूपच चांगल्या दर्जाचा आहे. गॅलिलिओला इतके चांगले दृष्य अर्थातच दिसले नव्हते. गॅलिलिओची दुर्बीण फारच 'क्रूड' होती. ज्या तऱ्हेने गुरूचे चार चंद्र एका ओळीत एखाद्या शेंडीसारखे दिसतात, त्यावरून त्यांना शिखा म्हटले तर चूक ठरणार नाही. आताच्या काळात आपण दुर्बिणीतून गुरूचे चार चंद्र बघतो ते खूपच स्पष्ट, वेगवेगळे दिसतात. मात्र, गॅलिलिओची दुर्बीण तेवढी आधुनिक नव्हती. त्यातून जे दिसले, ते एखाद्या गोलाला शेंडी आल्यासारखेच दिसले असणार. सतराव्या शतकात गॅलिलिओ जे सांगत होता, ते स्वीकारायला चर्च तयार नव्हते.

आता शनीच्या सात हातांचा जो उल्लेख आला आहे, त्याबद्दल बघू. दुर्बिणीच्या (६ इंच रिफ्लेक्टर) मदतीने शनीचे किती चंद्र दिसतात? तर सात. ते चंद्र आहेत Titan, Rhea, Dione, Tethys, Enceladus, Lapetus and Mimas. काय योगायोग आहे पाहा.

खरा उत्कंठावर्धक असा भाग तर आता सुरू होतो. एक पेपर आहे जो कर्नल पिअर्स (Pearse) यांनी लिहिला आहे. ब्रिटिशांच्या सैन्यात कर्नल असलेल्या पिअर्सची भारतात नेमणूक झाली होती. तो काळ असा होता, की ब्रिटिश सरकारच्या परवानगीनेच भारतातील ब्रिटिश अधिकारी भारताची सर्वांगाने लूट करत होते. भारतीयांना गुलाम बनवून, त्यांना कमी लेखून, त्यांना क्रूरपणे वागवून, त्यांच्याचकडून त्यांच्याच देशातील धन, धान्य, मसाले, संपत्ती, ज्ञान, मूर्ती असे जे मिळेल ते लुटून इंग्लंडला पाठवत होते. अशा काळात कर्नल पिअर्सने रॉयल सोसायटी ऑफ लंडनला एक पत्र पाठवले होते; जे रॉयल सोसायटीच्या आर्काइव्हमध्ये आहे. त्यात त्यांनी 'भारतीयांच्या गुरूचे चार चंद्र आणि शनीच्या सात चंद्रांच्या ज्ञाना'बद्दल लिहिले आहे. त्यांना वाटत होते, की 'भारतीयांकडे दुर्बीणसदृश काही उपकरणे असणार. त्याशिवाय इतके सखोल ज्ञान इतक्या छोट्या आणि दूर असलेल्या गोष्टींबद्दल ते लिहूच शकले नसते.'

प्राचीन भारतीयांच्या ज्ञानसंपन्नतेविषयी ब्रिटिशांना चांगलेच माहीत होते; म्हणून तर त्यांनी जाणूनबुजून प्रचार केला, की 'भारतातील लोक अडाणी आहेत, त्यांचे पूर्वज अगदीच अडाणी होते, जे काही ज्ञान आहे ते फक्त पाश्चिमात्य लोकांकडे आहे.' हे भारतीयांच्या मनात इतके खोलवर बिंबवले आहे, की ती

समजूत आजतागायत बहुसंख्य भारतीयांत मूळ धरून आहे. भारतीय संस्कृती, परंपरा, ज्ञान याचे ब्रिटिशांनी समूळ उच्चाटन केले आहे. दुसऱ्या कोणा लेखकाने Pearse's Memoirs मध्ये हे सगळे लिहून ठेवले आहे. ते म्हणतात -

'भारतातील कुठल्यातरी खेड्यातील ज्योतिष सांगणारा ब्राह्मण आणि पिअर्स यांच्यातील संवादाचे वृत्त हा लिहितो आहे. 'मला सगळ्याचे भाषांतर करायला वेळ मिळाला नाही; पण तो माणूस बरीच चुकीची माहिती सांगत होता. सातव्या ग्रहाला सूर्याभोवती फिरायला ६० वर्षे लागतात असे तो म्हणत होता, जे अर्थात चुकीचे आहे.'

(वास्तविक तो खेड्यातला माणूस शनीच्या पलीकडच्या ग्रहाबद्दल बोलत होता. कारण तो पुढे म्हणतो, की तो क्वचितच दिसतो. म्हणजे तो शनीबद्दल नाही, तर युरेनस किंवा नेपच्यूनबद्दल बोलत होता. ज्याचा तर पाश्चात्त्यांना तोवर पत्ताही नव्हता.)

'त्यात त्या ग्रहाच्या चंद्राचा किंवा कड्यांचा उल्लेख येत नाही. पण जेव्हा मी ते चित्र पाहिले त्या क्षणी मला जाणवले, की हे शनीचे प्रतीकात्मक असे चित्र आहे. शनीला कडी आहेत आणि सहा चंद्र आहेत, हे आपल्याला (युरोपीय लोकांना) आतापर्यंत माहीत नव्हते ते त्यात स्पष्ट दिसत होते. आपल्याला शनीला पाचच चंद्र आहेत हे तेव्हापर्यंत माहीत होते. इथे तो सहा चंद्रांचे चित्र दाखवतो आहे. हातात हात घातलेले सहा पंजे दाखवले आहेत. ते दर्शवितात, की ते हालचाल करू शकत होते; पण एका मर्यादित. ते ग्रहापासून स्वतःला वेगळे करू शकत नव्हते. सातव्या हातात एक मुकुट दिसतो आहे, जो चार भागांत विभागला गेला आहे. मला वाटते, ते शनीभोवतीची चार भागांत विभागल्या गेलेल्या कड्या दाखवत असावेत.'

Pearseच्या आठवणी लिहिणारा असे म्हणतो, 'गुरूभोवती नाच करणाऱ्या चार मुलींबद्दल तो खेडूत ब्राह्मण सांगतो आहे.'

त्यावरून त्या काळच्या हिंदूंना आणि अवकाशस्थ ग्रहगोलाविषयी अफाट ज्ञान होते हेच सिद्ध होते. हे सर्व ज्ञान भारतातून अरबांमार्फत, स्पेन, पोर्तुगालमधून युरोपात गेले. एवढा लांबचा पल्ला गाठेपर्यंत त्या ज्ञानातील सूक्ष्म details नाहीशी झाली नसती, तरच नवल आहे.

इथे चार dancing girls म्हणजे निश्चितपणे गुरूचे चार चंद्र आहेत, जे युरोपातील लोकांना १६०९पर्यंत माहीत नव्हते. गुरूचा तिसरा आणि चौथा चंद्र साध्या डोळ्यांना फार क्वचित दिसतात.

पिअर्सच्या आठवणी लिहिणारा पुढे असे म्हणतो, की 'पिअर्सने रॉयलला जे पत्र लिहिले आहे, त्यावर तारीख आहे २२ सप्टेंबर १७८३. शनीचा सहावा चंद्र तोवर शोधला गेला नव्हता. हर्शेल यांनी तो २८ ऑगस्ट १७८९ रोजी शोधला. सातवा चंद्र शोधला गेला १७ सप्टेंबर १७८९ रोजी. ४० इंचांचा Grand telescope पूर्ण झाल्यावर हा शोध लागला.' लक्षात घ्या : या सगळ्याच्या सहा वर्ष आधी पिअर्सने ते पत्र लिहिले आहे.

काही लोकांचे तर याही पुढे जाऊन असे म्हणणे आहे, की हे चित्र युरोपात पोहोचल्यानंतर ते बघून कदाचित हर्शेलने आपल्या दुर्बिणीची क्षमता अजून वाढवायचे ठरवले असेल, जेणेकरून तो शनीचे सात चंद्र पाहू शकेल. हर्शेलला एक prediction मिळाले; ज्यावरून अंदाज बांधून त्याने आपल्या प्रयोगात, निरीक्षणात बदल केला असेल आणि त्यात त्याला यश मिळाले.

शनी पृथ्वीपासून फार लांब अंतरावर आहे. त्यात त्याच्या उपग्रहांचा / चंद्रांचा आकार खूप लहान आहे. त्यामुळे दुर्बिणीशिवाय शनीचे चंद्र साध्या डोळ्यांना दिसणे केवळ अशक्य आहे. याचाच अर्थ आपल्या पूर्वजांच्या जवळ दुर्बिणसदृश काही उपकरणे असणारच; ती आजच्यासारखी नसतील कदाचित!

आपल्या देशातील प्राचीन ज्ञानाबद्दल काही बोलायला लागलो, तर लोक लगेच पुरावे मागतात. आपल्याकडील ज्ञानाच्या मौखिक परंपरेमुळे कित्येक गोष्टींचे लिखित / ठाम पुरावे आपण देऊ शकत नाही. वास्तविक ती गोष्ट उघडउघड योग्य आहे, हे समजत असते; पण लिखित पुरावे देऊ शकत नाही म्हणून त्यावर आपण हक्क सांगू शकत नाही. आता याच बाबतीत पाहा, ते पत्र जपले नसते, तर आपल्या हाती काहीही पुरावा लागला नसता. एका दृष्टीने पिअर्सला, त्याचे memoirs लिहिणाऱ्या अज्ञात लेखकाला आणि ब्रिटिश लायब्ररीला मनापासून धन्यवाद द्यायला हवेत.

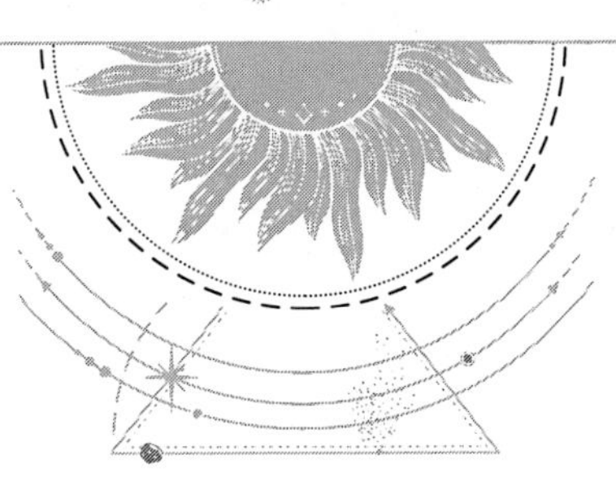

अगस्त्य, नटराज आणि अपस्मार

विंध्य पर्वत आणि ऋषी अगस्त्य यांची गोष्ट थोडक्यात...

एकदा विंध्य पर्वताला मेरू पर्वताबद्दल असूया वाटायला लागली. सगळे ग्रह-तारे त्याच्या भोवती फिरतात, मला काहीच महत्त्व नाही असे विंध्याला वाटायला लागले. म्हणून त्याने आपली उंची वाढवायला सुरुवात केली. ती एवढी वाढली, की लोकांचा उत्तर-दक्षिण मार्ग बंद व्हायची वेळ आली. विंध्य कोणाचेच ऐकायला तयार नव्हता. तेव्हा अगस्त्य ऋषी, ज्यांना विंध्य गुरू मानायचा, ते त्याला समजवायला निघाले. अगस्त्य तिथे गेल्यावर विंध्य त्यांच्या पाया पडायला म्हणून वाकला, तेव्हा अगस्त्य म्हणाले, 'मी दक्षिण दिशेला जाऊन परत येईपर्यंत असाच राहा, वाकलेला.' आणि अशा तऱ्हेने विंध्याची उंची कमी झाली आणि लोकांचा मार्ग मोकळा झाला.

ही झाली पुराकथा (myth); यात खगोलशास्त्रीय अर्थ काय निघतो तो बघू.

अगस्त्य हा तारा भारताच्या कुठल्या भागातून केव्हा दिसत होता याचा आढावा घेतला तर लक्षात येते, साधारण इ.स.पू. ६००० वर्षांपूर्वी भारतातील कठुआ या गावापासून खाली भारताच्या दक्षिण टोकापर्यंत अगस्त्य हा तारा दिसत होता. कठुआ हे जम्मू-काश्मिरच्या खाली आणि कुरुक्षेत्राच्या वर येते. कठुआच्या वरच्या भागातून अगस्त्य दिसत नव्हता. हळूहळू जसा काळ जाईल, तसा हा तारा कठुआच्या एकेका अक्षांशावरून खाली खाली जात उत्तरेतून दिसेनासा होत गेला.

विंध्य आणि अगस्त्य कथेवरून तो काळ साधारण इ.स.पू. २१,००० असा असू शकतो. यात अगस्त्य तीर्थ, नटराज मंदिर यांचा संबंध अगस्त्यांशी लावलेला आहे. इथे अगस्त्य विंध्य ओलांडतात याचा अपेक्षित खगोलशास्त्रीय अर्थ आपण बघणार आहोत.

त्यासाठी आपण खास शास्त्रीय पद्धतीने विचार करणार आहोत. षट्दर्शन न्यायाच्या पद्धतीने आपण या घटनेची खात्री करून घेणार आहोत. प्रत्यक्ष म्हणजे evidence, अनुमान म्हणजे inference, शब्द testimony - अभाव ऊपमान म्हणजे analogy, ऐतिह्य म्हणजे history, आणि सरतेशेवटी अर्थ - proof, calculation.

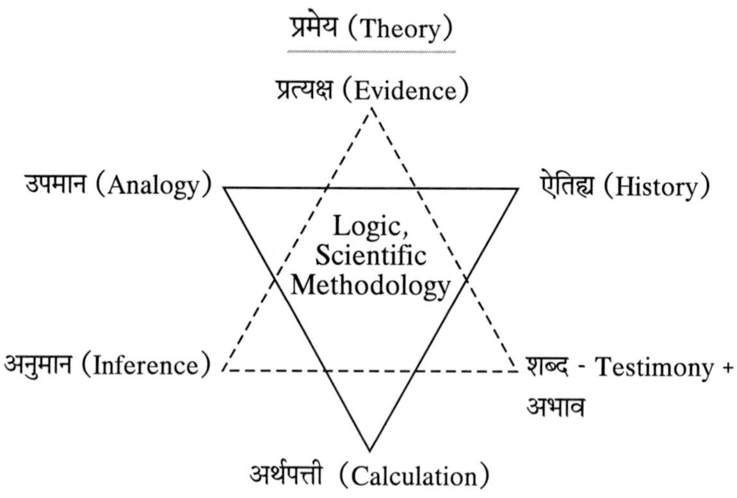

ही पद्धत वापरून आपण हे सिद्ध करणार आहोत, की कथेतील अगस्त्य ऋषी म्हणजे आकाशातील तारा अगस्त्य आणि तो विंध्य ओलांडून जातो आहे, म्हणजे जसजसा काळ जाईल, तसतसा तो खालच्या अक्षांशावर जाईल आणि वरच्या अक्षांशावरून दिसेनासा होईल.

तर या पद्धतीत आपण प्रत्यक्ष प्रमाण म्हणून रामायण, महाभारत, पुराणे इत्यादींमध्ये ही गोष्ट एकाच पद्धतीने सांगितली गेली आहे हे बघितले. त्यावरून अनुमान असे काढले की अगस्त्य-विंध्य कथा ही एक खगोलशास्त्रीय घटना आहे. त्यासाठी

शब्दप्रमाण म्हणून आपण *परशर तंत्र* हा खगोलशास्त्रावरील प्राचीन ग्रंथ प्रमाण मानला आहे. त्यासाठी सांस्कृतिक इतिहास बघायला हवा. भारतात ठिकठिकाणी अगस्त्य तीर्थे का आहेत, आर्द्रा-दर्शन-उत्सव काय आहे आणि त्याचा नटराजाशी काय संबंध आहे हे बघायला हवे.

एका श्लोकात असे म्हटले आहे की,

न गच्छति इति अग:

म्हणजे तो एका ठिकाणी बांधला गेलेला आहे, हलत नाही.

अगं + स्त्यायति (एका ठिकाणी गोळा झालेल्या ढिगासारखा, पर्वतासारखा) *स्तभ्नाति, इति अगस्त्य:* ही व्याख्या होते ध्रुव ताऱ्याची, जो अढळ आहे अशी समजूत आहे. पण इथे तर हा हलतो आहे, पुढेपुढे जातो आहे, मग नक्की काय समजायचा याचा अर्थ? ध्रुव तारा (दक्षिण ध्रुव) जरी झाला, तरी तो कायमचा अढळपदी नसतो. दोन ते तीन हजार वर्षांनंतर तो बदलतो. म्हणून मग हे नंतरचे विवेचन दुसऱ्या श्लोकात येते :

अगं स्त्यायति इति अगस्त्य:

अगं म्हणजे इथे विंध्य पर्वत आणि त्याला अगस्त्याने स्तंभन केलं म्हणजे एका ठिकाणी अडकवलं आहे. अगस्त्य म्हणजे त्या पर्वताची उंची कमी करणारा.

पहिला भाग विस्मृतीत गेला. त्यानंतर दुसऱ्या भागापर्यंत बराच मोठा, जवळ जवळ १२,००० वर्षांचा काळ लोटला. म्हणून ध्रुव ताराही बदलला.

अमरकोशात एक श्लोक आहे,

ध्रुव औत्तानपादि: स्यात अगस्त्य: कुंभसंभव: ।

मैत्रा वरूणिरस्यैव लोपामुद्रा सधर्मिणी ॥

भाष्यकारांनी हे जाणले, की उत्तानपाद राजाचा मुलगा ध्रुव. तो ध्रुव तारा आहे हे माहीत आहे, पण इतर मात्र साधे तारे आहेत, असे ते म्हणतात. भाष्यकारांनाही लोपामुद्रा, कुंभसंभव, मित्र वरुण इत्यादींचा इथे संबंध काय ते लक्षात आलेले नाही. त्याबद्दल पुढे बघूच.

आपल्याला पृथ्वीची परांचन गती आता माहीत आहे. पृथ्वीच्या अक्षाची वर्तुळाकार गती, जे वर्तुळ पूर्ण व्हायला २६,००० वर्षे लागतात. आता या गतीचा अगस्त्य ताऱ्याशी कसा संबंध येतो? आकृतीत अगस्त्य दिसण्याच्या स्थितीत

कुठे आणि केव्हा होता, हे दाखवले आहे. चिदंबरम या ठिकाणाहून अगस्त्य कायमच दिसतो. आताच्या काळात म्हणजे इ.स. २०००मध्ये अगस्त्य कटुआ या ठिकाणापर्यंत दिसतो आहे, तर २४,००० वर्षे इ.स.पू. या काळात कुरुक्षेत्रापर्यंत दिसत होता. मधल्या काही काळात संपूर्ण भारतातून अगस्त्य दिसत नव्हता अशी जी समजूत आहे, ती फारशी बरोबर नाही. अगस्त्य क्षितिजाच्या किती वर दिसत होता, हेही गृहीत धरले पाहिजे. ८° ते ५° इतक्या वर अगस्त्य दिसला, तरच तो दिसला अशी समजूत होती. पण हिप्पारकसच्या म्हणण्याप्रमाणे त्याने अगस्त्य हा तारा (म्हणजे Canopus तारा) क्षितिजाला अगदी खेटून असलेला म्हणजे १ अंश १६ मिनिटे इतक्या कमी उंचीवर बघितला आहे. त्यामुळे अगस्त्य दिसत नव्हता म्हणणे बरोबर ठरणार नाही.

इथे चिदंबरमचा उल्लेख आला आहे त्याचा काय संबंध ते बघू. चिदंबरम म्हटले, की अर्थातच डोळ्यांसमोर येतो नटराज. नटराज म्हणजे नृत्याची देवता. इथल्या मंदिरात नृत्य करणाऱ्या नटराजाच्या पायाशी अपस्मार हा असुर आहे. अपस्मार म्हणजे epilepsi. याचा इथे काय संबंध?

त्यासाठी आपण आधी इथे मृग म्हणजे Orion नक्षत्राबद्दल जाणून घेऊ या. मृगशीर्ष नक्षत्राच्या चित्रावर नटराजाची मूर्ती super impose केली, तर बऱ्याच गोष्टी समजतात. नटराजाच्या पायाशी असलेल्या अपस्मार असुराची मूर्तीही Orionच्या खाली असलेल्या Lepus या तारकासमूहाशी मिळतीजुळती आहे. Lepus म्हणजे hare म्हणजे ससा. आकाशात आपण मृगशीर्ष नक्षत्र अगदी आरामात शोधू शकतो. मृगशीर्ष नक्षत्राच्या पोटातील तीन तारे पटकन लक्ष वेधून घेतात. त्या तीन ताऱ्यांच्या वरून आपल्याला मृगाच्या आजूबाजूला असलेले अनेक तारकासमूह ओळखता येतात. मृगशीर्ष नक्षत्राच्या चित्रावर नटराजाची मूर्ती super impose केल्यावर आपल्या लक्षात येईल, की नटराजाच्या डाव्या पायावरून एक सरळ रेष ओढल्यावर जो तेजस्वी तारा दिसतो तो म्हणजे Sirius. याला आपण व्याध म्हणतो किंवा Canis Major उर्फ इंद्र. काही गोष्टींत व्याध मृगाची शिकार करतो किंवा मृगाचा पाठलाग करतो असे आहे. मात्र या गोष्टीत नेमके उलट सांगितले आहे, ते म्हणजे मृगशीर्ष या ताऱ्याचा पाठलाग करतो.

ग्रीक पुराणकथेमध्ये Orion हा शिकारी आहे आणि व्याध हा त्याचा कुत्रा आहे. एकदा मृगशीर्ष माहीत झाले, की त्याच्याभोवतीचे अनेक तारे आणि

तारकासमूह, जसे की मिथुन राशीतील जुळे Castor आणि Pollux म्हणजे आपले दिती आणि अदिती तारे, पुनर्वसू, सारथी तारकासमूह, रोहिणी, कृत्तिका इत्यादी तसेच नटराजाच्या गजहस्त मुद्रेवरून सरळ दक्षिण दिशेला एक तेजस्वी तारा दिसतो. तोच अगस्त्य म्हणजे Canopus. मृगशीर्ष नक्षत्राच्या चित्रावर नटराजाची मूर्ती super impose केली, की आपोआपच Lepusवर अपस्माराची आकृती super impose होते. चिदंबरम येथील नटराजाच्या मंदिरात त्याच्या पायाशी असलेल्या Lepusला तमिळमध्ये 'मूयलक' असे म्हणतात. तमिळमध्ये मूयलक म्हणजे ससाच. अपस्माराची मूर्ती जी दाखवली आहे, त्यात त्याच्या हाताची मुद्रा अंचुली किंवा अंजली किंवा ओंजळ धरल्यासारखी आहे. ओंजळीवरून काही आठवले का? अगस्त्य ऋषींनी एका आचमनात (ओंजळीने) समुद्र प्राशन केला होता त्याची आठवण होते. याप्रमाणे रुद्र हा शिकारी आणि पायाखाली असलेला अपस्मार हा असुर हे संपूर्ण तारकासमूह मलाबारी नावाडी समुद्र प्रवासासाठी पथदर्शक म्हणून वापरत होते. मलाबारी नावाडी याला 'कुथू' किंवा 'कुट्टण' म्हणतात. ही माहिती अशीच ग्रीकांपर्यंत पोहोचली, त्यामुळे त्यांच्याही स्टार चार्ट्समध्ये Orion हा शिकारी आहे आणि पायाशी ससा आहे; पण तो ससा तिथे का आहे हे ते सांगू शकत नाहीत.

मृगशीर्ष नक्षत्राचे मूळ क्रियापद मृगयती असे आहे, म्हणजे पाठलाग करणारा. तो कोणाचा पाठलाग करतोय, तर Canis majorचा. म्हणजे श्वान, इंद्राचे कुत्रे किंवा स्वतः इंद्र आहे. तो सगळ्यात तेजस्वी तारा आहे. याचा अर्थ मृग, lepus आणि अगस्त्य यांचा एकमेकांशी काही तरी संबंध आहे.

आता अगस्त्याचा दक्षिण दिशेकडचा प्रवास कसा आणि केव्हा झाला हे बघू. दक्षिणेकडे जाताना तो एकेका अक्षांशावरून दिसेनासा होत गेला. इ.स.पू. २६,०००पर्यंत तो कुरुक्षेत्राच्या वर म्हणजे कठुआपर्यंत दिसत होता. त्याच्या वरच्या अक्षांशावर तो दिसत नव्हता. इ.स.पू. १९,०००च्या दरम्यान अगस्त्य दक्षिणेकडे जाताना विंध्य पर्वत ओलांडत होता. इथे अगस्त्य म्हणजे तारा. याउलट, के. डी. अभ्यंकर यांनी असे मत मांडले आहे की, अगस्त्य ऋषी उत्तरेकडून दक्षिणेकडे जात असताना विंध्याच्या जवळ त्यांना प्रथम अगस्त्याचा तारा दिसला. म्हणून त्याचे नाव *अगस्त्य* ठेवण्यात आले. प्रत्यक्षात मात्र अगस्त्य 'ऋषी' उत्तरेतून दक्षिणेकडे गेले असा उल्लेख कुठेही मिळत नाही. ती कथा सापडते; पण असा

उल्लेख सापडत नाही. अगस्त्य तारा दक्षिणेत उगवत होता आणि मावळत होता. 'ताराच उगवू आणि मावळू शकतो, मुनी नाही', असे *पराशर तंत्र* या ग्रंथात - जो खगोलशास्त्रावरचाच ग्रंथ आहे - दिले आहे.

आता चिदंबरम येथील अक्षांशावर इ.स.पू. १३,०००नंतर ४००० वर्षे अगस्त्य तारा दिसत नव्हता. १०.५ अक्षांशावर अगस्त्य तारा दिसत नव्हता; पण चिदंबरमच्या खालच्या अक्षांशावरून मात्र दिसत होता. रामायणात वर्णन केल्याप्रमाणे, रामायण काळात (इ.स.पू. ११,००० ते इ.स.पू. १३,०००) महेंद्र पर्वतावरून अगस्त्य दिसत होता.

खाली दिलेल्या तीन वर्तुळाकृती आकृत्यांमध्ये मृग नक्षत्राची कुरुक्षेतातून दिसणारी स्थिती दाखवली आहे. हळूहळू मृग नक्षत्र खालच्या अक्षांशावर दिसायला लागेल आणि त्याच्याच प्रमाणे अगस्त्यही दिसेल.

(अपस्मार हा एक अमरत्व लाभलेला बटू राक्षस आहे अशी आपल्या पुराणात कल्पना आहे. अपस्मार म्हणजे एक प्रकारचा मेंदूचा रोग ज्याला 'मिरगी' म्हणतात. अपस्मार या शब्दाचा दुसरा अर्थ 'अज्ञान', 'विस्मृती' असासुद्धा आहे. जगात असलेले ज्ञान विस्मृतीत जाऊ नये, संपू नये म्हणून अपस्माराला मारता येत नाही; पण त्याला ताब्यात ठेवता येते. म्हणून शिवाने नटराज रूपात तांडव नृत्य करताना

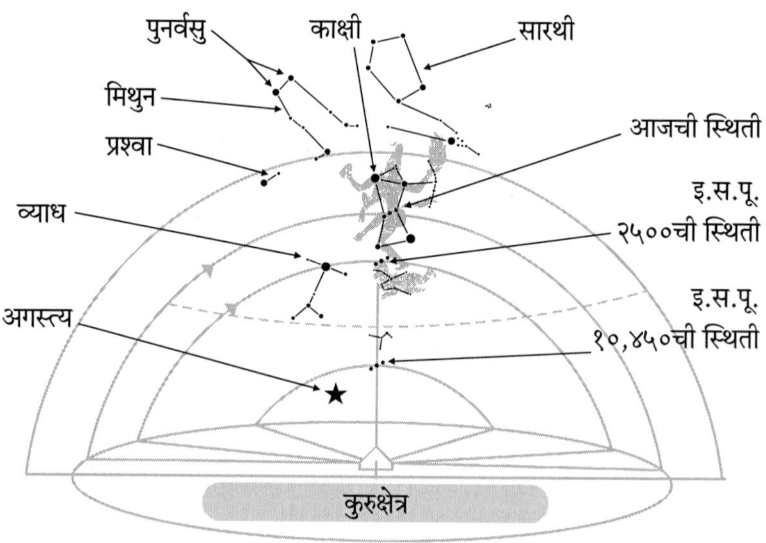

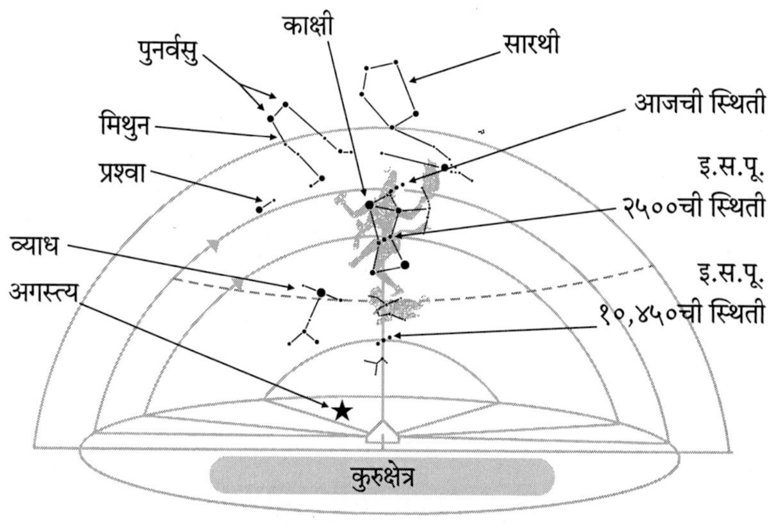

पुनर्वसु
मिथुन
प्रश्वा
व्याध
अगस्त्य
काक्षी
सारथी
आजची स्थिती
इ.स.पू. २५००ची स्थिती
इ.स.पू. १०,४५०ची स्थिती
कुरुक्षेत्र

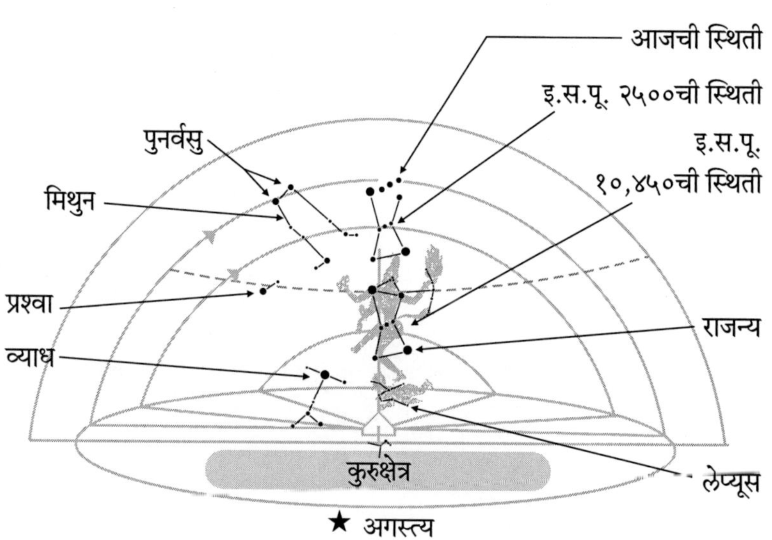

पुनर्वसु
मिथुन
प्रश्वा
व्याध
आजची स्थिती
इ.स.पू. २५००ची स्थिती
इ.स.पू. १०,४५०ची स्थिती
राजन्य
लेप्यूस
कुरुक्षेत्र
★ अगस्त्य

आपल्या डाव्या पायाखाली अपस्माराला दाबून धरले आहे. त्याला मारणे म्हणजे काहीही कष्ट न घेता ज्ञान प्राप्त करणे, म्हणून त्याला मारायचे नाही.)

तामिळनाडूमध्ये आर्द्रादर्शनम् उत्सव साजरा केला जातो. जसे आर्द्रा नक्षत्र वर येते, आर्द्रा म्हणजे मृगातल्या शिवाचा खांदा (रुद्रस्य बाहू) आणि पौर्णिमा येते, त्या वेळी एका रात्रीसाठी शिव नटराज रूपात तांडव करतो. त्याच वेळी तो अपस्मारावर (अज्ञानावर) दबाव टाकून ताबा मिळवतो. या Iconographyचा उपयोग मलाबारी नावाडी कंपाससारखा म्हणजे दिशादर्शक म्हणून करून घेत असत. मृग, आर्द्रा उगवले, की त्यावरून किती वेळाने व्याध उगवेल, नंतर किती वेळाने अगस्त्य उगवेल, हे ठरवत असत. त्यावरून बरोबर दक्षिण दिशा कळेल आणि समुद्रप्रवास सुरू करता येईल. इतक्या प्राचीन काळापासून आपले लोक समुद्रपर्यटन करत होते. गुजराथमधील *मालमनी* पोथीमध्ये तर वेगवेगळ्या

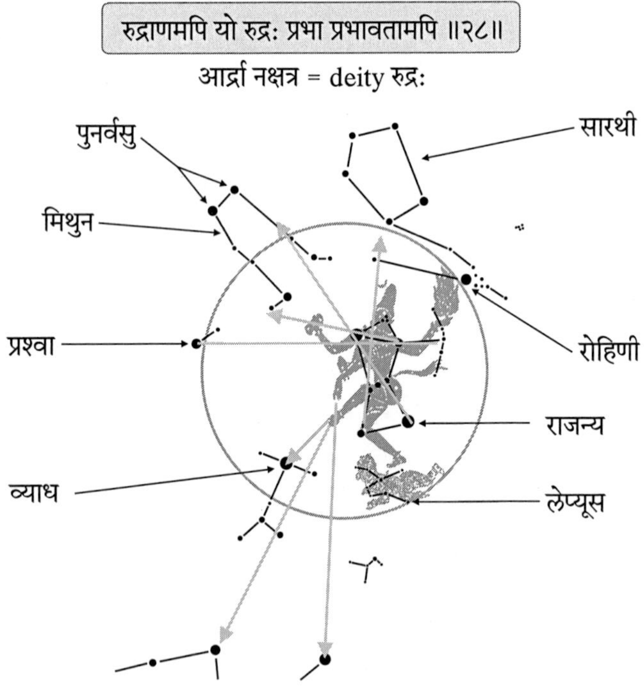

लाटांचे प्रकार, त्यांच्यामुळे उद्भवणारी वेगवेगळी परिस्थिती, वाऱ्याचा वेग आदी असंख्य गोष्टी सांगितल्या आहेत. तेच ज्ञान वापरून वास्को द गामाला भारताचा किनारा सापडला. कारण अनेक जागा या कच्छी, मलाबारी नावाड्यांनी या पोथीच्या ज्ञानाच्या बळावर शोधलेल्या आहेत. चिदंबरम आणि उदगमंडलम ही दोन्ही ठिकाणे एकाच अक्षांशावर; पण पूर्व आणि पश्चिम बाजूला आहेत. त्या अक्षांशावरून अगस्त्य इ.स.पू. ९५००च्या सुमारास वर सरकतो. प्रभास-पाटण इथे येईपर्यंत इ.स.पू. ६००० वर्ष आले. श्रीकृष्ण म्हणतात, की हे एक चांगले अगस्त्य तीर्थ बनले, ज्याला आपण आता सोमनाथ म्हणतो. सोमनाथ इथल्या शिवलिंगावरून, तितक्याच उंचीवरून बरोबर अगस्त्य तारा दिसतो. आता त्यावर मंदिर बांधले असल्यामुळे अगस्त्य दिसत नाही. अशा तऱ्हेने अगस्त्याचा उत्तरेच्या दिशेने प्रवास झाला आहे आणि आपल्या वेळेपर्यंत अगस्त्य कुरुक्षेत्रापर्यंत (आता कठुआपर्यंत) पोहोचला आहे. पृथ्वीच्या परांचन गतीने परत एकदा अगस्त्य ध्रुव तारा (दक्षिण ध्रुव) बनेल. हे चक्र चालूच राहील.

(कुरुक्षेत्र हे अगस्त्याचे शेवटचे गंतव्य स्थान आहे; म्हणून कुरुक्षेत्राला महत्त्व आहे. उज्जैन कर्कवृत्तावर असल्याने त्या स्थानालाही खूप महत्त्व आहे. तिथून सूर्याचा दक्षिणेकडचा प्रवास सुरू होतो.)

या सगळ्या विवेचनावरून तात्पर्य असे निघते, की विंध्य-अगस्त्य कथा ही एक पूर्णपणे खगोलशास्त्रीय घटना आहे. ती घटना घडली तो काळ इ.स.पू. २१,००० असा आहे. इतक्या प्राचीन काळापासून भारतातील खगोलशास्त्रीय ज्ञान अतिप्रगत होते हेच पुन्हा एकदा सिद्ध झाले आहे. खगोलाचे इतके सूक्ष्म निरीक्षण करून त्याची नोंद करून ठेवणाऱ्या (तीही कूट स्वरूपात) आपल्या त्या थोर शास्त्रज्ञ पूर्वजांना शतशः प्रणाम!

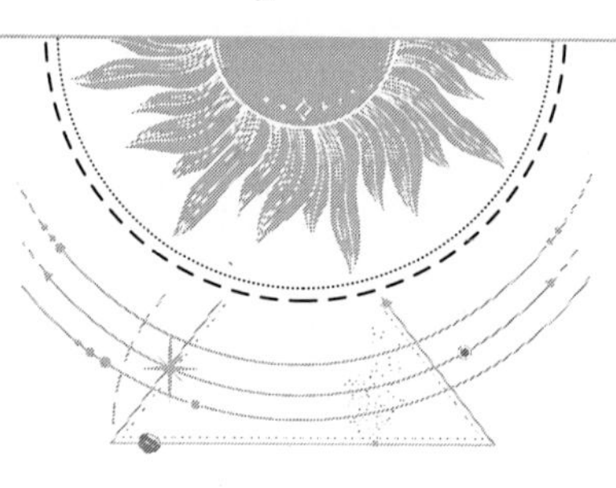

शिशुमार चक्र

श्रीमद्भागवत ग्रंथ, खंड पहिला, तेविसाव्या स्कंदात 'शिशुमार चक्रा'चे वर्णन आले आहे. या वर्णनात सप्तर्षी, ध्रुव, सूर्य, पृथ्वी, चंद्र आणि इतर ग्रह या सर्वांमधली अंतरे योजनांमध्ये दिली आहेत. योजन हे असे एकक आहे, की वेगवेगळ्या कालखंडांत त्याची किंमत वेगवेगळी सांगितली गेली आहे. त्यामुळे आपण त्या अंतराच्या गणितात न पडता बाकीच्या भागाचा विचार करू.

काही ठिकाणी 'कालेय' या तारकासमूहालाच शिशुमार म्हटले आहे, तर काही ठिकाणी हे दोन वेगवेगळे तारकासमूह आहेत. ५००० वर्षांपूर्वी थुबान हा आपला ध्रुव तारा होता आणि तो कालेयमध्ये आहे. सप्तर्षी आणि ध्रुवमत्स्य म्हणजे अनुक्रमे Ursa Major आणि Ursa Minor या तारकासमूहांच्या मधून हा कालेय जातो. कालेय आणि शिशुमार वेगवेगळे आहेत.

श्रीमद्भागवतात असे म्हटले आहे, की अव्यक्तगती भगवान काल अर्थात, ज्याची गती अव्यक्त आहे, पण आहे हे माहीत आहे. कालाबरोबर ग्रह-नक्षत्र फिरतात, त्यांना आधार म्हणून ध्रुवलोकाची नियुक्ती झाली आहे. किती योग्य शब्द वापरले आहेत बघा. नक्षत्रे ध्रुवाभोवती फिरतात, हे आता आपल्याला आधुनिक विज्ञानाने समजले आहे. नक्षत्रांना आधार द्यायला म्हणून ध्रुवांची नियुक्ती केली आहे. जसे अधिकारी बदलत जातात, तसे काही काळाने ध्रुव बदलतात.

पुढे असे म्हटले आहे की, 'धान्याची मळणी करण्याकरता लहान, मध्यम

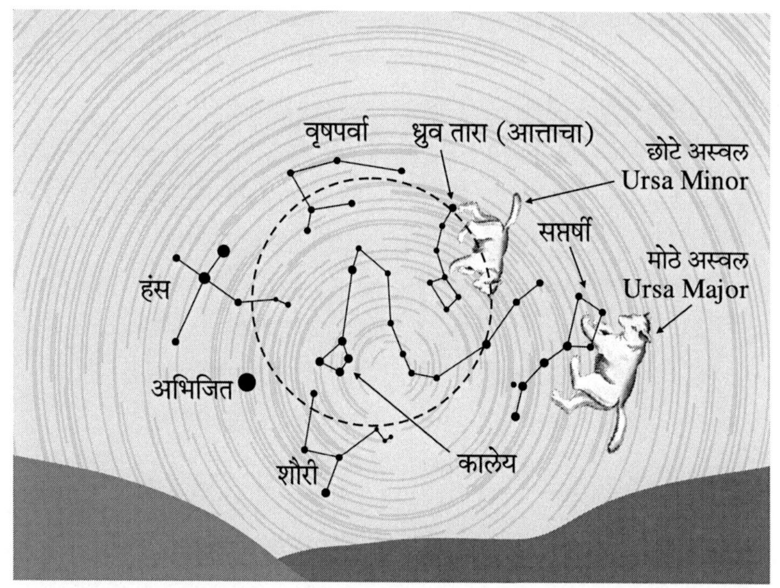

आणि लांब अशा दोऱ्यांना बांधलेले बैल तेवढ्या निर्धारित अंतरावरून मधल्या खांबाभोवती फिरतात; तसेच सर्व ग्रह आणि नक्षत्रे आतल्या बाहेरच्या कक्षांमधून मधल्या ध्रुवा भोवती फिरतात.' अगदी अचूक आणि नेमके चित्र डोळ्यांसमोर उभे केल्यासारखे उदाहरण दिले आहे.

केचनैतज्ज्योतिरनीकं शिशुमारसंस्थानेन ।
भगवतो वासुदेवस्य योगधारणायामनुवर्णय ॥४॥

भागवतात ज्योतिषचक्राचे शिशुमार नावाच्या काल्पनिक जलचर प्राण्याच्या रूपात वर्णन केले आहे. त्याचे शरीर गोलाकार आहे असे मानले आहे. हा शिशुमार उजव्या बाजूने वेटोळे घालून बसलेला आहे.

यस्य पुच्छाग्रेऽवाक्शिरसः कुण्डलीभूतदेहस्य ध्रुव
उपकल्पितस्तस्य लाङ्गूले प्रजापतिरग्निरिन्द्रो
धर्म इति पुच्छमूले धाता विधाता च कट्यां सप्तर्षयः ।
तस्य दक्षिणावर्तकुण्डलीभूतशरीरस्य यान्युदगयनानि
दक्षिणपार्श्वे तु नक्षत्राण्युपकल्पयन्ति दक्षिणायनानि तु सव्ये ।
यथा शिशुमारस्य कुण्डलाभोगसन्निवेशस्य

पार्श्वयोरुभयोरप्यवयवाः समसंख्या भवन्ति ।
पृष्ठे त्वजवीथी आकाशगङ्गा चोदरतः ॥ ५ ॥

पुनर्वसुपुष्यौ दक्षिणवामयोः श्रोण्योराद्रीश्लेषे च
दक्षिणवामयोः पश्चिमयोः पादयोरभिजिदुत्तराषाढे
दक्षिणवामयोर्नासिकयोर्यथासङ्ख्यं श्रवणपूर्वाषाढे
दक्षिणवामयोर्लोचनयोर्धनिष्ठा मूलं च दक्षिणवामयोः
कर्णयोर्मघादीन्यष्ट नक्षत्राणि दक्षिणायनानि
वामपार्श्ववङ्क्रिषु युञ्जीत तथैव मृगशीर्षादीन्युदगयनानि
दक्षिणपार्श्ववङ्क्रिषु प्रातिलोम्येन प्रयुञ्जीत शतभिषाज्येष्ठे
स्कन्धयोर्दक्षिणवामयोर्न्यसेत् ॥ ६ ॥

उत्तराहनावगस्तिरधराहनौ यमो मुखेषु चांगारकः
शनिश्चर उपस्थे बृहस्पतिः ककुदि वक्षस्यादित्यो
हृदये नारायणो मनसि चंद्रो नाभ्यामूशना
स्तनयोरश्विनौ बुधः प्राणापानयो राहुर्गले केतवः
सर्वाणिगेषु रोमसु सर्वे तारागणाः ॥७॥

शिशुमाराच्या उजव्या बाजूला अभिजित नक्षत्रापासून ते पुनर्वसू नक्षत्रापर्यंतची उत्तरायणाची चौदा नक्षत्रे आहेत. डाव्या बाजूला पुष्य नक्षत्रापासून उत्तराषाढा नक्षत्रापर्यंतची चौदा नक्षत्रे आहेत. त्याच्या उजव्या आणि डाव्या कटिप्रदेशात पुनर्वसू आणि पुष्य नक्षत्रे आहेत. पाठीमागच्या उजव्या आणि डाव्या पायात आर्द्रा आणि आश्लेषा नक्षत्रे आहेत.

उजव्या आणि डाव्या नाकपुडीत अभिजित आणि उत्तराषाढा, उजव्या आणि डाव्या डोळ्यात श्रवण आणि पूर्वाषाढा, उजव्या आणि डाव्या कानात धनिष्ठा आणि मूळ ही नक्षत्रे आहेत. मघा इत्यादी दक्षिणायनाची आठ नक्षत्रे डाव्या बरगडीत आणि उलट्या क्रमाने मृगशीर्ष इत्यादी उत्तरायणाची आठ नक्षत्रे उजव्या बरगडीत. डाव्या आणि उजव्या खांद्याच्या ठिकाणी शततारका आणि ज्येष्ठा ही नक्षत्रे आहेत.

हनुवटीच्या वरच्या भागात अगस्त्य तर खालच्या नक्षत्ररूप यम, तोंडामध्ये मंगळ, लिंगप्रदेशात शनी, वशिंडामध्ये बृहस्पती, छातीमध्ये सूर्य, हृदयात नारायण, मनात चंद्र, नाभीमध्ये शुक्र, स्तनांमध्ये अश्विनीकुमार, प्राण आणि अपान यांत बुध, गळ्यात राहू, सर्व शरीरात केतू आणि सर्व रोमारोमांत संपूर्ण तारांगण आहे.

वर जे काही वर्णन येते, ते ecliptic किंवा आयनिक वृत्ताला लागू होते, असे वाटत नाही का?

गोलाकार असलेला शिशुमार नावाचा काल्पनिक जलचर प्राणी आयनिक वृत्ताच्या जागी कल्पून संपूर्ण नक्षत्रचक्रच उभे केले आहे.

आयनिक वृत्त म्हणजे खगोलातील नक्षत्रांमधून जाण्याचा सूर्याचा भासमान मार्ग. तेच नक्षत्रचक्र.

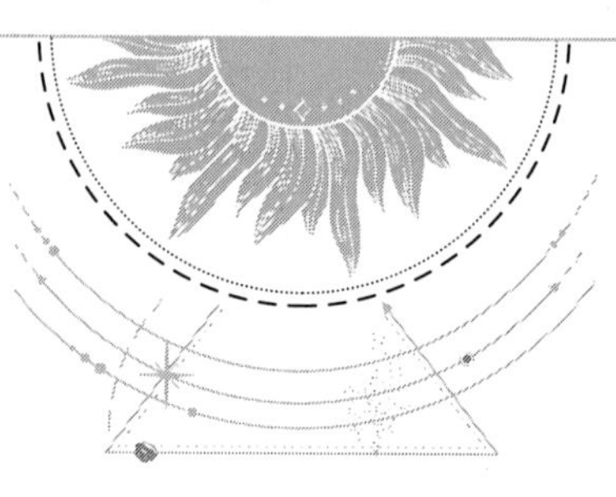

मध्य भारतातील ज्योतिलिंगे आणि संपात

ज्योतिलिंग या शब्दात ज्योती (ज्योतिर् - खगोलीय ज्योती, तारे, तारका) आणि लिंग हे दोन शब्द एकमेकांशी जोडलेले आहेत.

पुराणात एक कथा आली आहे.

शिव-पार्वतीच्या विवाहाच्या निमित्ताने सर्वच लोक हिमालयाजवळ जमले होते, तिथे एकाच बाजूला सगळी गर्दी जमल्यामुळे पृथ्वीचा तोल ढळायला लागला. महादेव अगस्त्य ऋषींना म्हणाले, 'हा तोल तुम्हीच सांभाळू शकता. तुम्ही दक्षिण दिशेला जाल, तेव्हा हिमालयाचा भार कमी होईल. हे तुम्हीच करू शकता. तुम्हीच काहीतरी करा.'

या कथेत आपल्याला एक गोष्ट समजते, की एक असा मार्ग आहे ज्यावरून अगस्त्य ऋषी निघाले. तिथे वाटेत अनेक तीर्थे आहेत. (तीर्थ याचा अर्थही पदयात्रा करून त्या ठिकाणी जाणे). भारतात जी बारा ज्योतिलिंगे आहेत, (तशी तर ६४ आहेत असे म्हणतात) त्यांतली बरीचशी ज्योतिलिंगे भारताच्या मध्यात एका पट्ट्यामध्ये येतात. जणू काही ती तोल सांभाळायचा प्रयत्न करताहेत. पण कुठल्या प्रकारे हा तोल सांभाळला जातो आहे? या ठिकाणी काही महत्त्वपूर्ण घटना घडल्या असतील, म्हणून ही ज्योतिलिंगे या ठिकाणी आहेत.

अजून एक गोष्ट लक्षात घेण्यासारखी आहे ती म्हणजे उज्जैन, अवंतीपुरी म्हणजेच अवंती इत्यादी ठिकाणे फार महत्त्वाची अशी आहेत, ती या पट्ट्यात

आहेत. तिथे महाकालेश्वर, ओंकारेश्वर इत्यादी शिवमंदिरे आहेत. आता ग्रीनविच जवळून जाणारे prime मेरिडिअन ब्रिटिश काळाच्या आधी भारतातून जाते, असे समजले जात होते, तेही उज्जैनवरून जात होते.

या मधल्या महत्त्वपूर्ण अशा पट्ट्यावर सूर्य कसा व कुठल्या दिशेने उगवतो, मावळतो आणि त्याचा शिवलिंगाशी कसा संबंध आहे ते बघू.

वसंत संपात आणि शरद संपात या दोनच दिवशी सूर्य अगदी बरोबर पूर्वेला उगवतो आणि बरोबर पश्चिमेला मावळतो. एरवीच्या दिवशी सूर्य अगदी परफेक्ट पूर्वेला उगवत नाही आणि परफेक्ट पश्चिमेला मावळत नाही. तसेच सूर्याचा आकाशातला मार्गही नेहमी तिरकाच असतो. याचे कारण पृथ्वीचा अक्षीय कल. हा कल २३.५ अंश आहे. पृथ्वीचा अक्ष eclipticशी २३.५ अंशाचा कोन करतो. वसंत संपातापासून शरद संपातापर्यंत सूर्य उत्तर गोलार्धात उगवतो आणि मावळतो. तेव्हा तिथे उन्हाळा असतो आणि दक्षिण गोलार्धात हिवाळा. उत्तर गोलार्धात आपण दक्षिणायनारंभ अनुभवतो. सूर्य सगळ्यात उत्तरेच्या बिंदूवरून परत दक्षिणेकडे जायला फिरतो, तो दक्षिणायनारंभ. शरद संपातानंतर सूर्य दक्षिण गोलार्धात उगवतो आणि मावळतो.

ज्योतिषशास्त्र (खगोलशास्त्र) सूर्यावर अवलंबून आहे. २१ जूनला सूर्य सगळ्यात उत्तरदिशेला असतो आणि तिथून त्याचा खालच्या दिशेला (दक्षिणेला) प्रवास सुरू होतो. हळूहळू सूर्य खाली उतरत जातो.

वसंत संपात दिनी सूर्य शून्य अंश अक्षांशावर पूर्वेला उगवतो. हळूहळू त्याच्या उगवण्याचा बिंदू वरवर सरकत जाऊन दक्षिणायनारंभाच्या दिवशी (summer solsticeच्या दिवशी) सगळ्यात उत्तरेचा बिंदू म्हणजे २३.४४ अंशावर उगवतो, भारतात उज्जैनच्या अक्षांशावर. त्यानंतर मग परत तो सरकत खाली खाली जातो. परत शून्य अंशावर आला, की शरद संपात सुरू होतो. तिथून सूर्य खाली खाली सरकत जाऊन उत्तरायणाच्या आरंभाच्या दिवशी (winter solstice) सगळ्यात खालच्या बिंदूवर म्हणजे २३.४४ अंशावर उगवतो.

शरद संपात दिनी उज्जैनच्या अक्षांशावर सूर्य कशा तऱ्हेने उगवतो आणि त्याची सावली पृथ्वीवर कशी पडते ते बघू या. सूर्य पूर्वेला उगवतो. चित्रात दाखवला आहे तो पृथ्वीचा गोल समजा. त्याच्या मध्यबिंदूवर, विषुववृत्तावर एक शंकू उभा

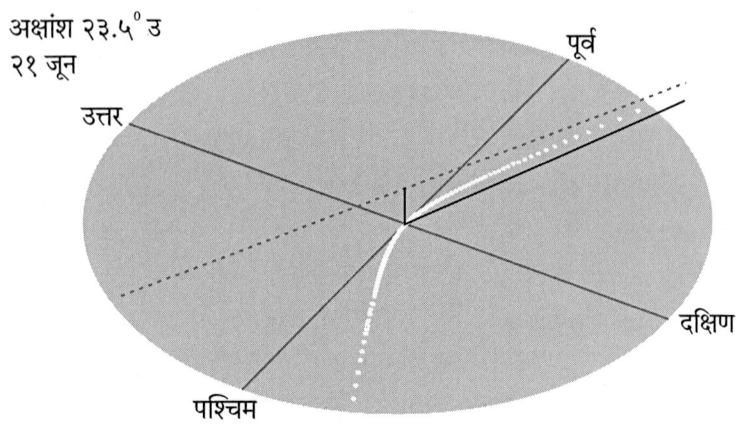

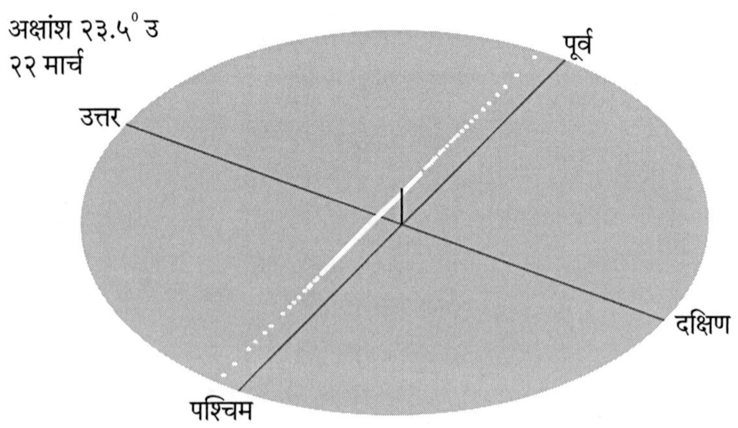

केला आहे. सूर्याची सावली कशी पडत जाते ते animationद्वारे दाखवले आहे. संपात दिनाच्या दिवशीच ती सावली एका सरळ रेषेत पडते. चित्रात ती सावली शंकूपासून थोड्या अंतरावर दिसते, ते अंतर म्हणजे त्या ठिकाणचे अक्षांश. इतर दिवशी सावली मध्यरेषेपासून दूर जाते, एका सरळ रेषेत राहत नाही. इथे चित्रात ते अंतर २३.५ अंश उत्तर आहे, कारण आपण उज्जैनच्या अक्षांशाचा विचार केला आहे. दिल्लीमध्ये शंकू स्थापित केला, तर सावली दिल्लीच्या अक्षांशावर म्हणजे साधारण २८ अंशावर दिसेल. सरळ सावली पडते, याचा अर्थ सूर्य बरोबर पूर्वेला

उगवून बरोबर पश्चिमेला मावळतो. त्यामुळे अगदी exact उत्तर आणि दक्षिण दिशासुद्धा समजते. हा दिवस वास्तू संबंधित कार्य करण्यासाठी महत्त्वाचा असतो. असे दोनच दिवस आपल्याला मिळतात. शरद संपात आणि वसंत संपात, याच दोन दिवशी पूर्वीपासून वास्तू निर्माणाचे काम सुरू केले जात असे.

आपण वाचले की संपात दिनी सूर्याची सावली जमिनीवर एका सरळ रेषेत पडते. त्याचाच उपयोग दक्षिणेतील पद्मनाभ मंदिरात केला आहे. सूर्य मावळताना एका सरळ रेषेत खाली उतरतो. पद्मनाभ मंदिराच्या गोपुरात एका सरळ रेषेत असलेल्या छिद्रांमधून (खिडक्यांतून) मावळता सूर्य खाली खाली सरळ रेषेत सरकत जाताना दिसतो. ते बघायला अनेक लोक संपात दिनी तिथे येतात.

संपात दिनी पद्मनाभ स्वामी मंदिर

महादेवाच्या अनेक मंदिरांत गोपुराच्या छतावर छिद्र केले जात असे, जिथून सूर्याची किरणे शिवपिंडीवर पडत. ज्या वेळी मंदिरेच नव्हती, त्याही वेळी पिंडीच्या सावलीवरून त्या काळी लोकांना वर्षातला कुठला काळ, मास आणि ऋतू कुठले ते समजे.

आता आपण सूर्य जेव्हा परम क्रांतीवर असेल, तेव्हा म्हणजे summer solstice, २३.५ अंश उत्तरेला असेल, तेव्हा त्याची सावली कशी आणि कुठे पडते ते बघू. मधला शंकू म्हणजे शिवलिंग समजू. चित्रामध्ये दाखवल्याप्रमाणे सावली मधल्या रेषेपासून दूर पडते.

परम क्रांतीच्या दिवशी महाकाल मंदिरात मध्यान्हीला पिंडीची सावलीच पडत नाही. ही घटना अद्भुत आहे. महाकाल मंदिरावर जर छत नसते, तर पिंडीवरून सूर्य जाताना सावली पडली नसती. त्यामुळे पहिले ज्योतिलिंग किंवा पिंडी जेव्हा उभी केली असेल, तेव्हा सावलीच लुप्त होते, या घटनेने त्या काळी लोक अचंबित झाले असतील आणि त्या जागेचा महिमा वाढला असेल.

अशा तऱ्हेने उभ्या पाषाणाची स्थापना करण्याची आपली प्राचीन ग्रामीण परंपरा आहे. जंगलाच्या सीमेवर आपल्या पूर्वजांनी स्थापन केलेल्या उभ्या पाषाणाला देव मानून, त्याची परवानगी घेऊन मगच जंगलात प्रवेश करण्याची प्रथा आजही अनेक आदिवासी समूहांमध्ये आहे. अशा तऱ्हेने पाषाणाची स्थापना करण्याची प्रथा पडली असावी. इंग्लंडमध्ये उभारलेल्या 'स्टोन हेंज'चा संबंध धार्मिक आणि खगोलशास्त्र दोन्हींशी प्रस्थापित केला गेला. तसेच आपल्याकडेही शिवलिंगाचा ज्योतिषशास्त्राशी संबंध प्रस्थापित केला गेला असावा.

आता आपण कर्कवृत्तावर असलेल्या किंवा त्याच्या वर असलेल्या सूर्यमंदिरांबद्दल माहिती घेऊ. २३.५ अंश अक्षांशावर म्हणजे कर्क वृत्तावर गुजरातमधील मोढेरा मंदिर आहे. मोढेरा मंदिर बरोबर २३.५८३५° उत्तर या अक्षांशावर आहे. Summer Solstice दिवशी म्हणजे दक्षिणायन आरंभाच्या दिवशी या मंदिराची सावली पडत नाही. हे एक प्रकारे sundial म्हणूनही काम करते. सर्वांनी ते दक्षिणायनारंभाच्या दिवशी जरूर बघावे.

कोणार्कचे सूर्यमंदिर १९.८८७६° उत्तर या अक्षांशावर आहे. सूर्यामुळे सावली रथचक्रावर पडते. सूर्य जसा हलतो तशी सावली हलत जाते, त्यावरून आपल्याला वेळ समजते. दिवस छोटा मोठा झालेलाही यावरून समजतो.

अयन दिनी उष्ण कटिबंधातील सूर्य मंदिरे

आपल्या पृथ्वीचा अक्ष जो २३.५°ने कललेला आहे, तो प्राचीन काळी २४.५°पासून २२.५°पर्यंत कलत होता. हे बदल साधारण ४०,००० वर्षांच्या कालावधीत होतात. जेव्हा आपला अक्ष २२.५°ने कलला होता, तेव्हा २२.५° वृत्तावर मांधाता बांधले गेले आहे का?

शिवलिंग स्थापित करून वेगवेगळी अक्षांशे आरेखित करत होते का?

शून्य सावलीचा परिसर शोधून तिथे शिवलिंग स्थापित करत होते का?

महाकाल मंदिर २३.५°वर आहे, तर मांधाता २२.५°वर अक्ष असताना बांधले गेले आहे का?

आपले पूर्वज एका ठिकाणचे शिवलिंग उचलून दुसऱ्या ठिकाणी नेत होते, असे तर नाही ना?

आपले पूर्वज एवढे सूक्ष्म निरीक्षण करत होते का?

यासाठी मध्ययुगीन काळातील एक उदाहरण देता येईल. उज्जैन येथे एक observatory राजा सवाई जयसिंग यांनी १७००च्या दरम्यान स्थापन केली होती. तिथले जे sun dial आहे, ते आता योग्य समय दाखवत नाही; पण जेव्हा स्थापना झाली होती, तेव्हा योग्य समय दाखवत होते. कारण आता ३०० वर्षांच्या काळाचा फरक पडला आहे. एवढ्या वेळामध्ये अगदी सूक्ष्म फरक पडला असला, तरी

योग्य समय दाखवत नाही. काळानुसार त्यात बदल करावेच लागतात. त्यामुळे ती observatory दुसऱ्या ठिकाणी हलवणे जरुरी आहे. स्वतः राजा सवाई जयसिंग यांनीही प्राचीन काळची नाडी यंत्रे जी त्या काळात योग्य वेळ दाखवत होती, ती दाखवेनाशी झाली म्हणून त्यांचे स्थान बदलले होते. त्यांचे पुनर्निर्माण केले होते.

संपात दिनाच्या दिवशी जी सरळ रेषा मिळते, ती स्थिर असते; पण solsticeच्या वेळी अक्षाच्या कलण्यामुळे जो बदल होतो, त्याने आपले अक्षांश तर नाही बदलत; पण सूर्याची सावली बदलत जाते. जिथे शून्य सावली दिसत होती ती जागा बदलत जाते.

मांधाता हा राजा अतिप्राचीन काळात होऊन गेला आहे. इक्ष्वाकु वंशातला रामाच्याही खूप आधीच्या काळातला हा राजा होता. नवीन शोधांप्रमाणे रामायण १४,००० वर्षांपूर्वी घडले. त्याही आधीच्या काळात हा राजा मांधाता होऊन गेला आहे. साहजिकच त्याच्या नावाचे मंदिर बांधले गेले, तेही अतिप्राचीन काळी असेल आणि त्या वेळी पृथ्वीच्या अक्षाची स्थिती २२.५° अशी असेल. म्हणून ते मंदिर तिथे बांधले गेले.

विभाग तिसरा
मध्ययुगीन कालखंडातील
ज्ञानपरंपरा

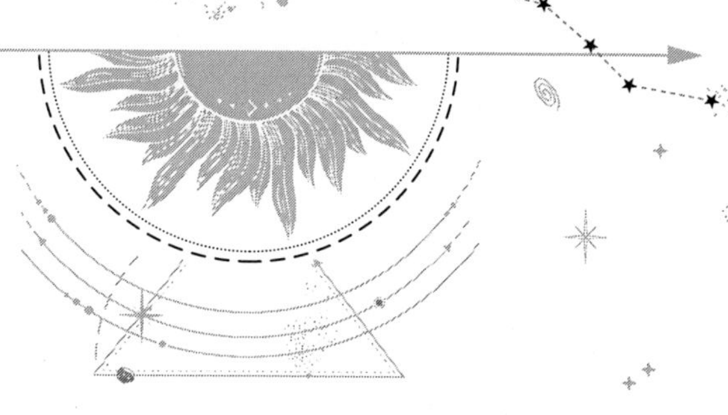

प्रकरण १५

ज्ञानेश्वरीतील विश्वरूपदर्शन की 'युनिव्हर्स'

मागील ५०० वर्षांतील आधुनिक विज्ञानाने आपली खूपच प्रगती झालेली आहे. विज्ञान आणि तंत्रज्ञान यांच्या मदतीने आपले आयुष्य सुखकर झाले आहे. या आधुनिक विज्ञानाची सुरुवात पश्चिम युरोपात कोपर्निकसने केली. यालाच 'कोपर्निकस क्रांती' म्हणतात.

'कोपर्निकस क्रांती' म्हणजे नक्की काय? तर कोपर्निकसच्या आधी सुमारे पंधरा वर्षांचा काळ हा युरोपमध्ये 'डार्क पीरियड' म्हणून समजला जातो. कारण या काळात विज्ञान क्षेत्रात काहीच प्रगती झाली नाही.

कोपर्निकसने मांडलेला क्रांतिकारक सिद्धान्त म्हणजे, सूर्य स्थिर असून सूर्यमालेतील इतर ग्रह त्याच्याभोवती फिरत असतात. यांचा फार मोठा बाऊ केला जातो. या संदर्भात ज्ञानेश्वरांनी ज्ञानेश्वरीत दिलेला एक दृष्टान्त मुद्दाम सांगावासा वाटतो.

आणि उदो-अस्ताचेनि प्रमाणे । जैसे सूर्याचिं न चलता चालणे।
तैसे नैष्कर्म्यत्व जाणे । कर्मेचि असता ।।

माऊली म्हणतात, 'सूर्य सकाळी उगवतो, मध्यान्ही डोक्यावर येतो आणि सायंकाळी मावळतो. वस्तुतः तो स्थिर असतो.'

एक गोष्ट लक्षात घ्यायला हवी. कोपर्निकस सोळाव्या शतकातला, तर ज्ञानेश्वर तेराव्या शतकातले!

आणखी एक विशेष म्हणजे, ज्ञानेश्वरांनी हा जो सूर्याचा दृष्टान्त वापरला आहे, याचाच अर्थ भारतात सामान्य जनांना तेराव्या शतकातही सूर्य स्थिर आहे हे माहीत होते. आता आणखी एक दृष्टान्त पाहू :

जेथ उन्मीलन होत आहे दिठी ।
तेथ पसरती आदित्यांचिया सृष्टी ।।१४१।।

ज्ञानेश्वरी, अध्याय ११

ज्या ठिकाणी विश्वरूप भगवंताच्या दृष्टी उघडतात, त्या ठिकाणी सूर्याच्या सृष्ट्या पसरतात.

या ओवीकडे अवकाशविज्ञानाच्या दृष्टिकोनातून पाहिले तर, ज्यांच्याभोवती ग्रहमाला आहेत असे सुमारे तीन हजार तारे आपल्याच आकाशगंगेत सापडले आहेत. त्यांना 'अनेक सूर्यांच्या सृष्ट्याच' म्हणावे लागेल आणि अशा असंख्य दीर्घिकांत असंख्य सूर्यांभोवतीच्या ग्रहमाला असतील.

मग अर्जुनाने हेच पाहिले असेल का ?

इया मूर्तींचिया किरीटी । रोगमूळी देखे पां सृष्टी ।
सुरतरु तळवटी । तृणांकुर जैसे ।।१४८।।
वाताचेनी प्रकाशे । उडतां परमाणू दिसती जैसे ।
भ्रमत ब्रह्मकटाह तैसे । अवयव संधी ।।१४९।।
एथ एकैकाचिया प्रदेशीं । विश्व देख विस्तारेशीं ।
विश्वाही परौते मानसीं । जरी देखावे वर्तें ।।१५०।।

अर्जुना, ज्याप्रमाणे कल्पतरूच्या बुडाशी गवताचे शेकडो अंकुर असतात, त्या प्रमाणे या विश्वमूर्तींच्या प्रत्येक केसांच्या बुडाशी असलेल्या सृष्ट्या पाहा.

ज्या प्रमाणे वाऱ्याने उडणारे परमाणू प्रकाशात दिसतात, त्या प्रमाणे विश्वरूपाच्या सांध्यात अनेक ब्रह्मांडे वरखाली जाताना दिसतात.

या विश्वरूपाच्या एकएक भागावर तू संपूर्ण विस्तारासह विश्व पाहा. आणि विश्वाच्याही पलीकडे पहावे अशी तुझ्या मनात इच्छा असेल, तर त्याचीही येथे मुळीच अडचण नाही.

Laniakea म्हणजे असंख्य दीर्घिकांचे क्लस्टर ज्यात अनेक दीर्घिका एकमेकींशी filamentsनी जोडलेल्या आहेत, असे शास्त्रज्ञांचे म्हणणे आहे. आणि त्या दीर्घिका स्थिरही नाहीत. १४९व्या ओवीमध्ये जे म्हटले आहे त्याच्याशी याचे साधर्म्य जाणवते.

हे अवतार जे सकळ । ते जिये समुद्रींचे कां कल्लोळ ।
विश्व हे मृगजळ । जया रश्मींस्तव दिसे ।।१८०।।
हे जे सर्व अवतार, ते ज्या विश्वस्वरूपी समुद्रावरील लाटा आहेत; आणि ज्या विश्वस्वरूपी किरणांमुळे विश्व हे मृगजळ भासते.

म्हणे केवढें गगन एथ होतें । तें कवणें नेले पां केउतें ।
ती चराचरें महाभूतें । काय जाहली ।।१८८।।
अर्जुन म्हणाला, एवढे मोठे येथे आकाश होते, तें कोण कोठें घेऊन गेला? ते स्थावरजंगम पदार्थ व महाभूते कोठे गेली?

खरोखर एखादा अंतराळवीर जेव्हा पृथ्वी सोडून अवकाशात जातो, पृथ्वीचे वातावरण जिथे संपते, तिथे गेल्यावर वरचे आकाश नाहीसे झाले असे वाटणे अगदी स्वाभाविक आहे. अर्जुनालाही विश्वरूप बघण्यासाठी पृथ्वीचे कवच भेदून पलीकडे बघताना असे म्हणावेसे वाटले असेल.

दिशांचे ठावही हारपले । अधोध्वर्व काय नेणो जाहले ।
चेइलिया स्वप्न तैसे गेले । लोकाकार ।।१८९।।
पूर्वादिक दिशांचे मागमूसही राहिले नाहीत. वर खाली हे कोण जाणे कोठे गेले? जागे झाल्यावर ज्याप्रमाणे स्वप्न नाहीसे होते, त्याप्रमाणे सृष्टीचा आकारही नाहीसा झाला.

दिशांचा मागमूसही उरला नाही ही गोष्ट आपल्याला पृथ्वीवर बसून पटणारच नाही. पण अंतराळात गेल्यावर मात्र हे तंतोतंत पटते. हे एक मोठे शास्त्रीय सत्य आहे.

अथवा सूर्याच्या तेजाच्या सामर्थ्यानि चंद्रासह सर्व नक्षत्रांचा समुदाय लोपून जातो, त्याप्रमाणे ह्या विश्वरूपाने ही सृष्टीची रचना गिळून टाकली.

हे म्हणणेही सयुक्तिकच आहे. दिवसा सूर्यप्रकाशात सर्व नक्षत्रे दिसेनाशी

होतात; सूर्याने जणू त्यांना गिळून टाकले आहे असे म्हणता येते. इथे सृष्टी म्हणजे आपली पृथ्वी असे गृहीत धरले, तर विश्वाच्या अफाट पसाऱ्यात ती कुठेच्या कुठे नाहीशी होईल यात काही आश्चर्य नाही.

त्यातदेखील कित्येक मुखे जणू काही प्रळयरात्रीच्या सैन्याने उठाव केला आहे अशी सहजच भयंकर होती; किंवा ही मृत्यूलाच तोंडे उत्पन्न झाली आहेत. अथवा जणू काय भयाचे किल्लेच रचलेले आहेत, अथवा प्रळयाग्नीची महाकुंडेच उघडलेली आहेत.

अवकाशात मुक्त संचार करण्याची संधी मिळाल्यावर अर्जुनाला जे जे दिसले ते भयंकर वाटणेच स्वाभाविक आहे. शिवाय अवकाशात संचार करायचा तर प्रचंड वेगाला पर्याय नाही. Gravity किंवा Interstellarसारखे चित्रपट पाहताना हे कल्पनेने अनुभवता येते. पृथ्वीच्या वातावरणाबाहेर, पण तिच्याभोवतीच्या कक्षेत फिरताना तो वेग, त्या यानावर येऊन आदळू पाहणारे ते अवकाशातील छोटे तुकडे या सगळ्याची कल्पनेनेच प्रचंड भीती वाटते. अधांतरी असण्याची आणि अवकाशात भरकटण्याची भीती जबरदस्त असते. शिवाय अतिदूर अंतराळात मोठे तारे, मोठ्या दीर्घिका किंवा कृष्णविवरे बघण्याची संधी जर मिळाली, तर प्रत्यक्षात कराल अशी मृत्यूची मुखे बघितल्यासारखेच आहे. कारण यांतील प्रत्येकाच्या प्रचंड गुरुत्वाकर्षण शक्तीमुळे कुठलीही वस्तू केव्हा त्यात खेचली जाईल ते कळणारही नाही. सर्व मृत्यूची कराल मुखेच की ही मग!

श्रीकृष्णाच्या अंगकांतीची अथवा तेजाची अपूर्वता कशासारखी होती म्हणून सांगावे? तर प्रलयकाळी बारा सूर्यांचा जो एकच मिलाफ होतो, तसेच ते हजारो दिव्य सूर्य एकाच वेळी उगवले, तरी त्याची तुलना श्रीकृष्णाच्या तेजाशी होणार नाही.

आता इथे प्रलयकाळीचा सूर्य कसा असेल ते आधी पाहू :

प्रलयकाल येणार तो पृथ्वीवरच, अन्य कुठे नाही. शिवाय सूर्याच्या

आयुष्यातला प्रलयकाल म्हणायचा झाला, तर त्याच्यातील इंधन संपल्यानंतर जेव्हा तो प्रसरण पावेल, त्या स्थितीत तो किती तेजस्वी होईल ती स्थिती. पृथ्वीवरून त्याचे तेज बघणे अशक्य होईल. कारण त्याचा पृष्ठभाग प्रसरण पावून पृथ्वीच्या जवळ येईल. सूर्य नेहमीसारखा प्रकाशत असताना बारा सूर्य हा उल्लेख नेहमी येतो. बारा सूर्य म्हणजे सूर्याचीच बारा तऱ्हेची किरणे त्यातून बाहेर पडतात, ती तर नव्हेत? Electromagnetic स्पेक्ट्रम बघितला, तर त्यात गामा किरण, क्ष किरण, अतिनील, दृष्य प्रकाशातील सात रंगांच्या सात वेगवेगळ्या तरंगलांबी, अवरक्त किरण व रेडिओ किरण असे बारा वेगवेगळे किरणांचे प्रकार दिसतात. हेच बारा सूर्य समजायचे का? आणि असे हजारो सूर्य एकत्र उगवले, तरी त्याची बरोबरी भगवंताच्या तेजाशी होणार नाही, हे खरेच आहे. कारण या ब्रह्मांडात हजारो नव्हे, तर अब्जावधी सूर्य आहेत, अब्जावधी आकाशगंगा आहेत.

विश्वरूपाच्या अक्राळविक्राळ रूपाचे वर्णन यात आले आहे. कितीही गिळंकृत केले, तरी याचे पोट भरत नाही. हीच गोष्ट एखाद्या दीर्घिकेला किंवा कृष्णविवराला लागू होते. कितीही घातले त्यांच्या पोटात, तरी ते अजून खायला तयार असतात.

मोठ्या दीर्घिका छोट्या दीर्घिकेला खातात, तर छोट्या दीर्घिका ताऱ्यांना गिळंकृत करतात आणि विश्वरूपाला असंख्य मुखे आहेत असे वर्णन केले आहे. तसेच ह्या विश्वात आ वासून बसलेले असंख्य तारे, दीर्घिका आणि कृष्णविवरे आहेत. तीच विश्वरूपाची खरीखरी अक्राळविक्राळ मुखे.

ही अशी साम्यस्थळे बघून चकित व्हायला होते.

ही आपण केवळ एक झलक पाहिली. ज्ञानेश्वरीमध्ये आपल्याला आश्चर्यचकित करणाऱ्या किती गोष्टी माउलींनी मांडल्या असतील, हा एक संशोधनाचाच विषय आहे...

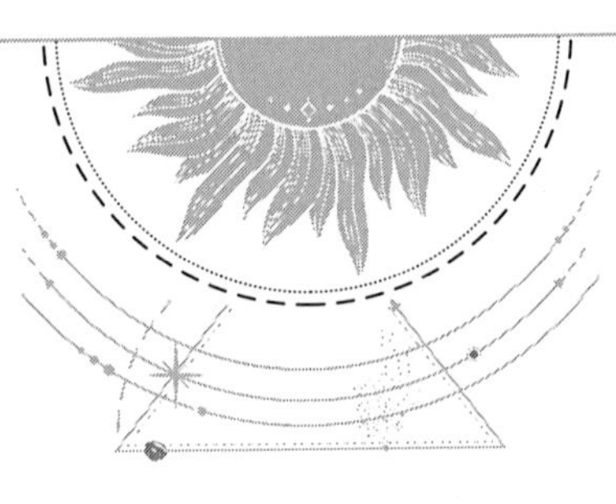

प्रकरण १६

दासबोधातील खगोलशास्त्र

समर्थ रामदास स्वामींनी सतराव्या शतकात इ.स. १६६०च्या माघ शुद्ध नवमीला दासबोध लिहून पूर्ण केला. दासबोधाचा निर्मितिकाल तपशिलात सांगण्याचे कारण तसेच महत्त्वाचे आहे. साधारण त्याच सुमारास युरोपात गॅलिलिओ, एडमंड हॅले, न्यूटन, कॅसिनी वगैरे शास्त्रज्ञांना खगोलशास्त्रातील अनेक मूलभूत शोध लागत होते. या अनुषंगाने दासबोधातील तेराव्या दशकामधील चौथ्या समासात विश्वाची उत्पत्ती आणि लय या संबंधी आलेले श्लोक उल्लेखनीय आहेत. त्यावर सखोल विचार होणे जरुरी आहे. आधुनिक विज्ञानाशी ते कसे मिळतेजुळते आहे ते बघू.

> ब्रह्म घन आणि पोकळ। आकाशाहून विशाळ ।
> निर्मळ आणि निश्चळ। निर्विकारी ।।१।।
> ऐसेची असता कित्येक काळ । तेथे आरंभला भूगोळ ।
> त्या भूगोळाचे मूळ। सावध ऐका ।।२।।

दशक १३ : समास ४

ब्रह्म सर्व ठिकाणी गच्च भरून आहे; आकाशाहून विशाल आहे; पण ते अगदी सूक्ष्म असल्याने पोकळ किंवा रिकामे वाटते. अशा अवस्थेत खूप काळ गेल्यावर त्यामध्ये पृथ्वीच्या म्हणजेच पर्यायाने सूर्यमालेच्या निर्मितीचा आरंभ झाला.

इथे समर्थांना आकाशाहून अवकाश विशाल आहे ही मूलभूत कल्पना ज्ञात होती. आकाश म्हणजे पृथ्वीपुरते, तिच्यावरील आवरण, तर अवकाश म्हणजे पृथ्वीसकट सूर्य, चंद्र आणि इतर ग्रह तारे सामावून घेणारी पोकळी.

आधुनिक विज्ञानाप्रमाणे पूर्ण अवकाश हे जवळजवळ रिकामे आहे, पण त्यात सूक्ष्म कणांच्या रूपाने वस्तूचे अस्तित्व आहेच. आकाशाहूनही विशाल असणारे ब्रह्म निर्मळ, निश्चळ, निर्विकार आहे असे म्हटले आहे. घन किंवा ऋण भार नसलेल्या न्यूट्रल अशा कणांनी अवकाश भरले आहे. निर्विकार म्हणजे 'न्यूट्रल' असे तर समर्थांना म्हणायचे नसेल ना ?

आजच्या विज्ञानाप्रमाणे प्रारंभी एक महास्फोट (बिग बँग) झाला आणि त्यानंतर त्यातून हळूहळू तारे, तारकासमूह, दीर्घिका वगैरेंची निर्मिती झाली.

महास्फोटाच्या कितीतरी नंतर आपल्या सूर्यमालेची निर्मिती झाली. ती कशी ते समर्थ सांगताहेत -

वायोचा कातरा घसवटे । तेणे उष्णे वन्हि पेटे ।

सूर्यबिंब ते प्रगटे । तये ठाई ॥८॥

एकमेकांसमोरून येणारे वायूचे दोन प्रवाह एकमेकांवर घासतात. त्या घर्षणातून अग्नी पेट घेतो. सूर्यबिंब तेथे प्रगट होते.

आधुनिक विज्ञानाप्रमाणे सूर्यमालेची निर्मिती खूप मोठ्या तेजोमेघातून झाली आहे. तेजोमेघातील कणांची ॲक्रिशन डिस्क तयार होऊन ती चक्राकार फिरताना सूर्य आणि पृथ्वीसह इतर ग्रह तयार झाले. ॲक्रिशन डिस्क म्हणजे थोडक्यात एका केंद्रबिंदूभोवती थाळीच्या आकारात फिरणारे असंख्य कण. केंद्रबिंदूच्या ठिकाणी आणि त्याच्या भोवती फिरणाऱ्या वर्तुळाकार कक्षेत ठिकठिकाणी कण एकत्र येऊन एक एक गोळा तयार झाला. केंद्रबिंदूपाशी प्रचंड वस्तुमान जमा झाले. त्यातील कणांच्या एकमेकांवरील दाबामुळे आणि आकर्षणशक्तीमुळे उष्णता निर्माण होऊन अणुभट्टी कार्यान्वित होऊ शकेल, अशी परिस्थिती निर्गाण झाली. त्यातून ऊर्जा निर्माण होऊन तेजोमय अशा सूर्याचा जन्म झाला. सूर्य तारा म्हणून झळकायला लागला. समर्थांनी तरी वेगळे काय म्हटले आहे.

वारा वाजतो सीतळ । तेथे निर्माण झाले जळ ।

ते जळ आळोन भूगोळ । निर्माण झाला ॥९॥

सूर्याबरोबरच इतर ग्रहांची आणि पृथ्वीचीही निर्मिती झाली. निर्मितीच्या वेळी पृथ्वी एक धगधगता तप्त गोळा होता. तो हळूहळू थंड होत गोठत गेला. पृथ्वीवरील पृष्ठभाग कठीण होऊन त्यावर पाण्याची निर्मिती झाली. जमीन आणि पाणी एकत्र आल्यावर जीवसृष्टीची निर्मिती झाली.

समर्थ म्हणतात, की हे नुसते कल्पनेचे बोलणे नाही. वेद-शास्त्रे-पुराणे यांचा अभ्यास करून प्रत्यक्ष अनुभवानेच ती स्वीकारावीत.

प्रपंचात किंवा परमार्थात प्रत्यक्ष अनुभवाखेरीज कोणताही सिद्धान्त स्वीकारू नये असे म्हणणारे समर्थ 'उभारणी निरूपण' आणि 'प्रलय निरूपण' यांसारखे समास लिहितात, हे लक्षात घ्यायला हवे.

दासबोधातील कल्पान्ताचे वर्णन

चौथ्या समासात समर्थ कल्पान्ताचे वर्णन करतात. ते म्हणतात, की उभारणीचा जो क्रम आहे, त्याच्या बरोबर उलट संहारणीचा क्रम असेल. इथे आधुनिक खगोलविज्ञानातील 'बिग बँग' ते 'बिग क्रंच' हा सिद्धान्त विचारात घ्यावा का? विश्वाची निर्मिती एक महास्फोटातून झाली. मग हळूहळू तारे, दीर्घिका वगैरेंची निर्मिती झाली. अवकाशातील ह्या दीर्घिका ज्यात अब्जावधी तारे असतात, त्या एकमेकींपासून दूर जात आहेत, असा शोध शास्त्रज्ञांना लागला. विश्वाच्या भवितव्याबद्दल काही शास्त्रज्ञांनी असा सिद्धान्त मांडला आहे, की हे सर्व जरी एकमेकांपासून दूर जात असले, तरी कुठल्यातरी एका बिंदूपासून परत फिरून ते परत एकत्र येतील आणि बिग क्रंचसारखी स्थिती निर्माण होईल.

समर्थ इथे आपल्या सूर्यमालेचे आणि पर्यायाने आपले भविष्य सांगत आहेत. चौथ्या समासाच्या सुरुवातीसच समर्थ म्हणतात,

पृथ्वीस होईल अंत म्हणजे पृथ्वीचाही केव्हातरी अंत होणार आहे हे समर्थांना माहीत होते. सूर्याच्या किरणांमुळे ज्वाळा बाहेर पडतील आणि त्यामुळे शंभर वर्षे

पृथ्वी जळत राहील.

आपल्याला सर्वांना माहीत आहेच की, सूर्यापासून मिळणाऱ्या प्रकाशाचे पृथक्करण केल्यास सात रंगांची छोटी पट्टी दिसते. त्या पट्टीच्या एक बाजूला निळ्या रंगापलीकडे अतिनील (अल्ट्रा व्हायोलेट), मग एक्स रे, गॅमा रे, आणि लाल रंगाच्या पलीकडे अवरक्त किरण (इन्फ्रा रेड) आणि रेडिओ हे सर्व वेगवेगळ्या तरंगलांबीचे पट्टे असतात, जे आपल्या डोळ्यांना दिसत नाहीत. दृश्य प्रकाशाचे ७ आणि एक्स रे, गॅमा रे, अतिनील, अवरक्त किरण आणि रेडिओ हे पाच मिळून बरोबर बारा होतात. समर्थांनी म्हटले आहे, *बारा कळी सूर्यमंडळा.* हा निव्वळ योगायोग म्हणायचा का ?

त्यानंतर ते म्हणतात की, *शतवरुषे भूगोळा दहन होये.* हे अक्षरशः खरे आहे. सूर्याच्या पोटातील इंधन संपल्यावर सूर्यही 'रेड जायंट' स्थितीला पोहोचेल. प्रत्येक ताऱ्याचा एक आयुष्यक्रम असतो. जोपर्यंत त्यात हायड्रोजनचे इंधन असते, तोपर्यंत हायड्रोजनपासून हेलियम तयार होत त्यातून ऊर्जा निर्माण होत राहते. ते इंधन संपले, की त्या ताऱ्याच्या वस्तुमानाप्रमाणे त्याचा शेवट होतो. इंधन संपल्यानंतर आतील ज्वलनक्रिया थंडावते. त्यानंतर अनेक कायिक आणि रासायनिक क्रिया होऊन ताऱ्याच्या बाहेरचे आवरण फुगते (expand होते). तो प्रचंड मोठा होतो. आवरण बाहेर फेकले गेल्याने मुख्य ताऱ्यापेक्षा त्याचे तापमान कमी होते, त्यामुळे ते आवरण लाल दिसते. म्हणून या स्थितीतल्या ताऱ्याला 'रेड जायंट' (लाल राक्षसी तारा) म्हणतात. सूर्य रेड जायंट स्थितीला पोहोचेल, तेव्हा त्याच्या वाढलेल्या आवरणात बुध-शुक्र यांच्यासह पृथ्वी लुप्त होईल. त्या वेळी पृथ्वीची अवस्था काय होईल याची सहजच कल्पना करता येईल.

सिंधू नद्या एकवटल्या । नेणो नभींहुन रिचवल्या ॥

संधीच नाही धारा मिळाल्या । अखंड पाणी ॥१६॥

सप्त सिंधू आवरणीं गेले । आवरण वेडे मोकळे जाले ॥

जलरूप जालिया । खवळले प्रळये पावक ॥१८॥

सूर्याच्या वाढलेल्या आकारमानामुळे पृथ्वीवर तापमान वाढेल. त्यामुळे प्रथम सर्व ध्रुवीय बर्फ वितळेल. समुद्राची पाण्याची पातळी या पाण्यामुळे इतकी वाढेल, की पृथ्वीवरील सर्व समुद्र, नद्या एक होऊन पृथ्वीभोवती एक जलावरण तयार होईल.

ब्रह्मांडाऐसा तप्त लोहो । शोषी जळाचा समुहो ॥
तैसे जळास जाले पाहो । अपूर्व मोठे ॥१९॥
तेणे आटोन गेले पाणी । असंभाव्य माजला वन्ही ॥
तया वन्हीस केली झडपणी । प्रळयवाते ॥२०॥

सूर्याच्या उष्णतेमुळे पृथ्वीवर निर्माण झालेले जलावरण सगळे आटून जाईल.
प्रलयाग्नीमुळे सर्व पाणी आटून आगीचे तांडव सर्वत्र भडकेल.

तेथे महाभूते खवळती । प्रळयेवात सुटती ॥
प्रळये पावक वाढती । चहुकडे ॥६॥
तेथे अक्रारुद्र खवळळे । बारा सूर्य कडकडीले ॥
पावक मात्र येकवटले । प्रळयेकाळी ॥७॥
वायो विजांचे तडाखे । तेणे पृथ्वी अवघी तरके ॥
कठिणत्व अवघेचि फाके । चहुकडे ॥८॥

पंचमहाभूते खवळून उठतात, प्रलयाचा वारा सुटतो, प्रलयाग्नी भडकतो,
सगळे व्यापून टाकतो. प्रलयकाली सर्व अग्नी एकवटून भडकतो. वायू आणि
विजांच्या तडाख्याने पृथ्वी तडकेल, तिचा कठीणपणा चारी बाजूला पसरेल.
(पृथ्वीच्या पोटातील लाव्हा सर्वत्र पसरेल.)

तेथे मेरुची कोण गणना । कोण सांभाळील कोणा ॥
चंद्र सूर्य तारांगणा । मूस जाली ॥९॥
पृथ्वीने विरी सांडिली । अवघी धगधगायेमान जाली ॥
ब्रह्मांडभटी जळोन गेली । येकसरा ॥१०॥

जिथे चंद्र, सूर्य, पृथ्वी या सगळ्यांचा एकच गोळा होऊन जाईल (मूस जाली),
तिथे मेरू पर्वताला कोण विचारतो? सूर्याच्या लाल राक्षसी आवरणात बुध-
शुक्रासहित चंद्र, सूर्य, पृथ्वी यांचा एकच गोळा होऊन जाईल.

दहाव्या श्लोकामध्ये समर्थ म्हणतात, 'पृथ्वीची पूड होते (विरी सांडली
यापेक्षा योग्य शब्द असूच शकत नाही), ती उष्णतेने धगधगू लागते. ब्रह्मांडामध्ये
पेटलेल्या भट्टीत ती जळून जाते.'

हे वर्णनही शब्दशः खरे आहे. सूर्याच्या अंतरंगात अणुभट्टीच धगधगत असते.

त्या अणुभट्टीत पृथ्वी, चंद्र वगैरे सगळे जळून जाते. कालांतराने सूर्याचाही अंत होणारच आहे.

पृथ्वीवरील प्रलयाग्नीत सर्व वस्तू जळून जातील. नंतर सुटलेल्या प्रलयवातात सर्व जळून गेलेले पदार्थ नाहीसे होतील. पृथ्वीचे अस्तित्व संपेल. ती अवकाशात विरून जाईल. अवकाशाची पोकळी अनंत (उदंड) असते. त्यात हा वारा कुठच्या कुठे नाहीसा होईल. पंचभूतांचा पसारा आटोपतो, संपतो.

थक्क करून सोडणारे असे पृथ्वीच्या अंतकाळचे वर्णन समर्थांनी केले आहे. आधुनिक विज्ञानाने वर्तवलेले पृथ्वीचे भविष्य यापेक्षा जराही वेगळे नाही. समर्थ रामदास स्वामींना शत शत प्रणाम!

दशक ८, समास ३-५७

हे विश्व पंचमहाभूतांपासून रचलेले आहे. ही भूते बीजरूपाने मायेमध्ये असतात. एकातून एक निर्माण होऊन ब्रह्मांडाची रचना होते. हे ज्याला कळले, त्याला विश्वाचा मसाला काय आहे ते कळले. पंचमहाभूते प्रथम अव्यक्त होती. पण नंतर विश्वरचना होण्यासाठी ती व्यक्त झाली.

विश्वरचनेच्या वेळी सगळाच पदार्थ (किंवा ऊर्जा शक्ती) अव्यक्त होता, एका बिंदूत सामावलेला होता. नंतर व्यक्त झाला म्हणजेच त्यातून तारे, दीर्घिकांची निर्मिती झाली. ते प्रत्यक्षात आले. आता आपल्याला माहीत आहे, की सूर्यमालेच्या निर्मितीत जेव्हा पृथ्वीची निर्मिती झाली, तेव्हा ती एक तप्त गोळ्याच्या स्वरूपात होती. तिच्यावर काहीच नव्हते. हळूहळू ती थंड झाली. तिच्यावर माती, पाणी, वातावरण आणि आकाशाची निर्मिती झाली. जे आतापर्यंत अव्यक्त होते, ते व्यक्त झाले, दिसु लागले.

आताच्या विज्ञानाला हे अभ्यासातून नवतंत्रज्ञानामुळे समजले. आपल्याला जे समजले आहे, ते विज्ञानामुळे. आपणही काही ते प्रत्यक्ष बघितलेले नाही. पूर्वीच्या काळी असे काहीही तंत्रज्ञान नसताना, अशी काही आधुनिक उपकरणे-साधने नसताना समर्थांनी हे इतके तंतोतंत बरोबर कसे लिहून ठेवले असेल?

गगना सारिखे ब्रह्म पोकळ। उदंड उंच अंतराळ।
निर्गुण निर्मळ निश्चळ। सदोदित।।१।।
त्यास परमात्मा म्हणती। आणिक नामे नेणो किती।
परी ते जाणिजे आदिअंती। जैसे तैसे।।२।।
विस्तीर्ण पसरलेला पैस। भोवता दाटला अवकाश।
भासचि नाही निराभास । जैसे तैसे।।३।।
चहुकडे पाताळतळी। अंतचि नाही अंतराळी ।
कल्पांत काळी सर्व काळी। संचलेचि असे ।।४।।

दशक १०, समास १०

ब्रह्म आकाशासारखे आहे. त्यात जसा वायू निर्माण होतो, तसे ब्रह्मामध्ये मूळमाया झाली - आकाश जसे पोकळ आहे आणि कल्पनातीत उंच अवकाश आहे तसेच ब्रह्मही आहे. परब्रह्म सदैव निर्गुण, निर्मळ आणि निश्चळ असते. त्यास परमात्मा म्हणतात. त्याला आणखी किती नावे आहेत कोण जाणे? नावे कितीही असली, तरी ते मात्र आदि आणि अंती अगदी जसेच्या तसेच असते. अशी कल्पना करावी की अतिशय मोठी जागा पसरली आहे. त्या जागेच्या भोवती आणखी खूप पोकळी पसरली आहे. अशा अनंत जागेवरून परब्रह्माची किंचित कल्पना येईल. पण त्यामध्ये एक फरक आहे. जागा इंद्रियगोचर आहे. पोकळी मनाला भासते. परंतु ब्रह्माला वेगळेपणाने अनुभवता येत नाही. निराभास असणारे ब्रह्म केव्हाही अगदी जसेच्या तसेच राहते. चारही दिशांना पाताळाच्या खाली आणि वर अंतराळाच्याही पलीकडे पसरलेल्या परब्रह्माला कसलाही विकार नाही. सर्वकाळीच नव्हे, तर कल्पान्ताच्या वेळीदेखील ते अगदी जसेच्या तसेच भरून राहिलेले असते.

आता आतापर्यंत आपल्याला आपल्या भवतालापलीकडे फारसे माहीत नसायचे. आधुनिक तंत्रज्ञान आणि विज्ञानाचा उदय झाला, तेव्हापासून आपल्याला आपली पृथ्वी, आपली सूर्यमाला आणि त्यापलीकडेही काही आहे हे समजायला लागले. समर्थांच्या काळात कुठलेही आधुनिक ज्ञान नव्हते. तरी त्यांनी ठामपणे लिहिले आहे की आकाश पोकळ आहे आणि कल्पनातीत उंच आहे. खूप खूप मोठा, ज्याची कल्पना पण आपण करू शकत नाही एवढा पैस आहे अवकाशाचा.

नवखंड हे वसुंधरा। सप्तसागरांचा फेरा।
ब्रह्मांडाबाहेरील नीरा। कोण पाहे।।१५।।
त्या निरामध्ये जीव असती। पाहो जाता असंख्याती।
त्या विशाल जीवांची स्थिती। कोण जाणे।।१६।।
जेथे जीवन तेथे जीव। हा उत्पत्तीचा स्वभाव।
पाहाता याचा अभिप्राव। उदंड असे।।१७।।

नऊ खंड मिळून पृथ्वीचा विस्तार आहे. तिच्याभोवती सात समुद्राचा वेढा आहे, पण ब्रह्मांडाच्या बाहेर असणारे पाणी कोणीच पाहत नाही. त्या पाण्यामध्ये अक्षरशः असंख्य जीव आहेत. त्या प्रचंड विशाल जीवांची स्थिती कोणास ठाऊक नाही. जेथे पाणी असते तेथे जीव असतात. हा तर उत्पत्तीचा मूळ स्वभाव आहे. या तत्त्वाचे रहस्य फार खोल आहे.

या श्लोकांत समर्थांनी साक्षात भविष्यवाणी केली आहे असे म्हणायला पाहिजे. पृथ्वीवर नऊ खंड आहेत, तिच्याभोवती (त्या खंडांच्या भोवती) सात समुद्रांचा वेढा आहे, हे तर आता सिद्धच झाले आहे. पण खरी गंमत तर पुढेच आहे. समर्थ म्हणतात, 'ब्रह्मांडाच्या बाहेर असणारे पाणी!' इथे पृथ्वीबाहेरचे, सूर्यमालेबाहेरचे असे पाणी अपेक्षित असावे. पृथ्वीच्या बाहेर कुठे पाणी असेल ही कल्पनासुद्धा अलीकडेपर्यंत शास्त्रज्ञही मानायला तयार नव्हते.

Goldilocks zone किंवा Habitable zone म्हणजे असा zone, जिथे पाणी द्रवस्वरूपात राहू शकेल. एखादा ग्रह त्याच्या मातृताऱ्याच्या फार जवळ गेला, तर तिथल्या सर्व पाण्याची वाफ होईल, लांब गेला तर गोठून जाईल. त्यामुळे Goldilocks zoneमधल्या ग्रहावरच पाणी असू शकेल ही कल्पना अगदी आता आतापर्यंत ठामपणे मांडली जात होती. आपल्या सूर्यमालेत पृथ्वीच फक्त या झोनमध्ये आहे. त्यामुळे पृथ्वी सोडून इतर कुठल्याही ठिकाणी पाणी असणार नाही असे शास्त्रज्ञांना ठामपणे वाटत होते.

मात्र आता कॅसिनी यानाला शनीच्या Enceladus या चंद्रावरून बर्फाच्या कणांचे फवारे बाहेर फेकले जातात हे दिसले. Enceladus वर sub-surface समुद्र आहेत हे समजले. आता हळूहळू सूर्यमालेत बऱ्याच ठिकाणी पाणी असल्याचे समजायला लागले आहे. गुरू ग्रहाच्या चंद्र युरोपावरसुद्धा बर्फ आणि sub-surface समुद्र आहेत, असा अंदाज आहे. अगदी बुधाच्या (जो ग्रह सूर्याच्या सगळ्यात

जवळ आहे) काही खळग्यांमध्ये थोडा बर्फ आहे, असे समजले आहे. चंद्रावरही बर्फ आहे असे आता समजले आहे. काही परग्रहांवरही पाणी असल्याचे संकेत मिळत आहेत. हे सगळे आत्ता आत्ता समजते आहे.

यावरून समर्थांनी भविष्यवाणी करून ठेवली आहे, असे नाही का म्हणता येणार? भविष्यात पाणी असलेले आणि त्यात मोठे मोठे सजीव असलेले परग्रह मानवाला सापडतीलही. कोणी सांगावे? 'जेथे जीवन तेथे जीव' हा तर आधुनिक खगोलशास्त्रज्ञ मानतात असाच नियम आहे. त्यावरही ते म्हणतात, की या तत्त्वाचे रहस्य फार खोल आहे. यावर काय बोलायचे? समर्थांना अनेकवार दंडवत!

उष्ण प्रकाश तो सूर्याचा। शीतल प्रकाश तो चंद्राचा।
उष्णत्व नसता देह्याचा । घात होये ।।१०।।
याकारणे सुर्येविण। सहसा न चले कारण।
श्रोते तुम्ही विचक्षण। शोधुन पहा ।।११।।
हरिहर यांच्या अवतार मूर्ती । शिवशक्तीच्या अनंत वेक्ती ।
यापूर्वी होता गभस्ती। आतां हि आहे ।।१२।।
जितुके संसारासी आले। तितुके सूर्याखाले वर्तले।
अंती देहे त्यागून गेले। प्रभाकरा देखतां ।।१३।।
चंद्र ऐलीकडे जाला। क्षीरसागरा मधून काढिला।
चौदा रत्नांमध्ये आला। बंधू लक्षुमीचा।।१४।।
विश्वचक्षू हा भास्कर। ऐसे जाणती लहानथोर।
या कारणे दिवाकर। श्रेष्ठाहून श्रेष्ठ ।।१५।।
अपार नभमार्ग क्रमणे। ऐसेंची प्रत्यही येणे जाणे।
या लोकोपकारा कारणे। आज्ञा समर्थांची।।१६।।

दशक १६, समास २

सूर्यप्रकाश उष्ण असतो, तर चंद्रप्रकाश थंड असतो. शरीरात उष्णता नसेल, तर शरीर जगणार नाही.

यामुळेच सूर्यावाचून जगात कोणतेच कार्य चालत नाही. तुम्ही चिकित्सक श्रोते आहात. तुमचे तुम्हीच हे शोधून बघावे.

जगाचा सारा इतिहास सूर्याच्या नजरेखाली घडला आहे. लोकांवर उपकार

करण्यासाठी सूर्य रोज अपार आकाश आक्रमण करतो. हा श्रीरामचंद्रांचा पूर्वज आहे. त्यास नमस्कार करावा व त्याचे दर्शन घेत असावे. जगामध्ये हरिहरांचे अनेक अवतार झाले. शिव आणि शक्ती अनंत रूपांनी दृश्यात आले, पण या सर्वांच्या पूर्वी सूर्य होता. तसाच तो आताही आहे.

जे जे काही या संसारात दृश्यरूप धारण करून आले, त्या सर्वांचा आरंभ आणि शेवट सूर्याच्या नजरेखालीच झाला. संसारात आलेले प्राणी अखेर सूर्याच्या देखतच देह सोडून गेले.

चंद्राचा जन्म अलीकडचा आहे. क्षीरसागर घुसळून त्यातून त्यास काढलेला आहे. एकंदर चौदा रत्ने निघाली, त्यात हा लक्ष्मीचा बंधू निघाला.

सूर्य हा विश्वाचा डोळा आहे ही गोष्ट सारे लहान-थोर जाणतात. म्हणून सूर्य श्रेष्ठांहून श्रेष्ठ आहे.

सूर्य अपार आकाश मार्ग चालतो. रोज त्याचे त्या मागनि येणे व जाणे चालते. सूर्य तेजाची राशी आहे. त्याला दुसरी उपमा नाही.

इथे समर्थ सूर्याचे महत्त्व, त्याचे प्राचीनत्व सांगताहेत. समर्थ म्हणतात, 'जगात हरिहरांचे अनेक अवतार झाले, शिवशक्ती प्रकटले; पण या सर्वांच्या आधी तो तेजोभास्कर होता. शास्त्रीयदृष्ट्या किती अचूक आहे. आधी सूर्याची निर्मिती झाली. मग पृथ्वीची, त्यानंतर मानवाची, त्यानंतर मानव विचार करू लागल्यानंतर देवांची निर्मिती झाली.'

चंद्र तर अगदी अलीकडचा; हेही शास्त्रीयदृष्ट्या एकदम अचूक. सध्या तरी मान्यता असलेला चंद्रनिर्मितीचा सिद्धान्त म्हणजे पृथ्वीवर दुसरा एक मंगळसदृश्य ग्रह येऊन आपटला आणि पृथ्वीचा तुकडा आणि त्या ग्रहांचे तुकडे यांचा मिळून चंद्र तयार झाला. क्षीरसागर घुसळल्यासारखीच स्थिती तो ग्रह पृथ्वीवर आपटल्यावर झाली असणार. म्हणजे पृथ्वीच्या पोटी चंद्राचा जन्म झाला हे खरे मानावे लागते.

सूर्य अपार आकाश मार्ग रोज चालतो, हेही खरेच आहे. इथे सूर्य चालतो म्हटलं आहे; म्हणजे heliocentric कल्पना समर्थांना आणि त्यांच्याही आधी आपल्या लोकांना माहीत होते. सूर्य केंद्रस्थानी असून पृथ्वी त्याच्याभोवती फिरते, हे मान्य करायला पाश्चात्त्यांना किती काळ जावा लागला आणि त्या दरम्यान काय काय घडले हे सर्वश्रुतच आहे.

ऐका प्रळयाचें लक्षण । पिंडीं दोनी प्रळये जाण ।
येकनिद्रा येक मरण । देहांतकाळ ॥ १ ॥

देहाधारक तिनी मूर्ती । निद्रा जेव्हां संपादिती ।
तो निद्राप्रळय श्रोतीं । ब्रह्मांडींचा जाणावा ॥ २ ॥

तिनी मूर्तींस होईल अंत । ब्रह्मांडास मांडेल कल्पांत ।
तेव्हां जाणावा नेमस्त । ब्रह्मप्रळये जाला ॥ ३ ॥

दोनी पिंडीं दोनी ब्रह्मांडीं । च्यारी प्रळय नवखंडीं ।
पांचवा प्रळय उदंडी । जाणिजे विवेकाचा ॥ ४ ॥

ऐसे हे पांचहि प्रळये । सांगितले येथान्वयें ।
आतां हें अनुभवास ये । ऐसें करूं ॥ ५ ॥

निद्रा जेव्हां संचरे । तेव्हां जागृतीव्यापार सरे ।
सुषुप्ति अथवा स्वप्न भरे । अकस्मात आअंगीं ॥ ६ ॥

या नांव निद्राप्रळये । जागृतीचा होये क्षये ।
आतां ऐका देहांतसमये । म्हणिजे मृत्युप्रळये ॥ ७ ॥

देहीं रोग बळावती । अथवा कठीण प्रसंग पडती ।
तेणें पंचप्राण जाती । व्यापार सांडुनी ॥ ८ ॥

तिकडे गेला मनपवनु । इकडे राहीली नुस्ती तनु ।
दुसरा प्रळयो अनुमानु । असेचिना ॥ ९ ॥

तिसरा ब्रह्मा निजेला । तों हा मृत्यलोक गोळा जाला ।
अवघा व्यापार खुंटला । प्राणीमात्रांचा ॥ १० ॥

तेव्हां प्राणीयांचे सुक्ष्मांश । वायोचक्रीं करिती वास ।
कित्येक काल जातां ब्रह्मयास । जागृती घडे ॥ ११ ॥

पुन्हा मागुती सृष्टि रची । विसंचिले जीव मागुतें संची ।
सीमा होतां आयुष्याची । ब्रह्मप्रळय मांडे ॥ १२ ॥

शत वरुषें मेघ जाती । तेणें प्राणी मृत्यु पावती ।
असंभाव्य तर्कें क्षिती । मर्यादिवेगळी ॥ १३ ॥

सूर्य तपे बाराकळी । तेणें पृथ्वीची होय होळी ।
अग्नी पावतां पाताळीं । शेष विष वमी ॥ १४ ॥

आकाशीं सूर्याच्या ज्वाळा । पाताळीं शेष विष वमी गरळा ।
दोहिकडून जळतां भूगोळा । उरी कैंची ॥ १५ ॥

सूर्यास खडतरता चढे । हलकालोळ चहुंकडे ।
कोंसळती मेरूचे कडे । घडघडायमान ॥ १६ ॥
अमरावती सत्यलोक । वैकुंठ कैळासादिक ।
याहिवेगळे नाना लोक । भस्मोन जाती ॥ १७ ॥
मेरु अवघाचि घसरे । तेथील महीमाच वोसरे ।
देवसमुदाव वावरे । वायोचक्रीं ॥ १८ ॥
भस्म जालिया धरत्री । प्रजन्य पडें शुंडाधारीं ।
मही विरे जळांतरीं । निमिष्यमात्रें ॥ १९ ॥
पुढें नुस्ते उरेल जळ । तयास शोषील अनळ ।
पुढें एकवटती ज्वाळ । मर्यादिवेगळे ॥ २० ॥
समुद्रींचा वडवानळ । शिवनेत्रींचा नेत्रानळ ।
सप्तकंचुकींचा आवर्णानिळ । सूर्य आणी विद्युल्यता ॥ २१ ॥
ऐसे ज्वाळ एकवटती । तेणें देव देह सोडिती ।
पूर्वरूपें मिळोन जाती । प्रभंजनीं ॥ २२ ॥
तो वारा झडपी वैश्वानरा । वन्ही विझेल येकसरा ।
वायो धावें सैरावैरा । परब्रह्मीं ॥ २३ ॥
धूम्र वितुळे आकाशीं । तैसे होईल समीरासी ।
वहुतां मधें थोडियासी । नाश बोलिला ॥ २४ ॥
वायो वितुळतांच जाण । सूक्ष्म भूतें आणी त्रिगुण ।
ईश्वर सांडी अधिष्ठान । निर्विकल्पीं ॥ २५ ॥
तेथें जाणिव राहिली । आणी जगज्जोती निमाली ।
शुद्ध सारांश उरली । स्वरूपस्थिती ॥ २६ ॥
जितुकीं काहीं नामाभिधानें । तये प्रकृतीचेनि गुणें ।
प्रकृती नस्तां बोलणें । कैसें बोलावें ॥ २७ ॥
प्रकृती अस्तां विवेक कीजे । त्यास विवेकप्रळ्ये वोलिजे ।
पांचहि प्रळय वोजें । तुज निरोपिलें ॥ २८ ॥
इति श्रीदासबोधे गुरुशिष्यसंवादे
पंचप्रळयनिरूपणनाम समास पांचवा ॥

दशक १०, समास ५

यात समर्थांनी पंचप्रलयाबद्दल विवेचन केले आहे. विश्व निर्माण झाल्यावर त्याचा व्यवहार कालगतीला अनुसरून चालतो. कालगती चक्राकार असल्याने विश्व निर्माण झाल्यानंतर कालांतराने त्याचा संहारपण होतो. ही विश्वसंहाराची कल्पना प्रथम तैत्तिरीय उपनिषदात स्पष्टपणे आढळते. ब्रह्मदेवाच्या दिवसाला आरंभ झाला, की विश्व निर्माण होते आणि त्याचा दिवस संपून रात्र सुरू झाली, की विश्वाचा संहार होतो. रात्र संपून दिवस सुरू झाला, की पुन्हा विश्व निर्माण होते. त्यामध्ये भुतांचा तोच समुदाय पुन्हा जन्म घेतो. ब्रह्मदेवाच्या दिवसाला 'कल्प' किंवा 'सर्ग' आणि रात्रीला 'प्रलय' म्हणतात.

आपल्या कालगणनेप्रमाणे कल्प म्हणजे ४ अब्ज ३२ कोटी वर्षे होतात. इतकी वर्षे विश्व चालते, की ब्रह्मदेवाचा दिवस संपतो आणि रात्र सुरू होते. जेव्हा प्रलय सुरू होतो, तेव्हा ज्या क्रमाने विश्व निर्माण झाले, त्याच्या बरोबर उलट क्रमाने विश्वाचा लय होतो.

या ठिकाणी अध्यात्मशास्त्रातील एक अतिमहत्त्वाचा सिद्धान्त ध्यानात ठेवणे जरूर आहे. तो असा की पिंड म्हणजे मायक्रोकॉझम आणि ब्रह्मांड म्हणजे मॅक्रोकॉझम यांची रचना अगदी समान आहे. माणूस हा विश्वरचनेचे प्रतीक आहे. ब्रह्मांडामधील सर्व तत्त्वे माणसांमध्ये आढळतात.

समर्थांनी पाच प्रलय सांगितले आहेत. त्यांपैकी दोन पिंडाचे व दोन ब्रह्मांडाचे असून एक विवेक प्रलय सांगितला आहे. पिंडाचे व ब्रह्मांडाचे दोन प्रलय आपोआप होतात; पण विवेक प्रलय स्वतः करावा लागतो.

पिंडामध्ये जे दोन प्रलय असतात, ते म्हणजे गाढ झोप आणि मरण.

ब्रह्मांडातदेखील दोन प्रलय असतात. ब्रह्मा, विष्णू व महेश या देह धारण केलेल्या तीन देवता जेव्हा झोपी जातात, तेव्हा ब्रह्मांडाचा निद्रा प्रलय होतो असे समजावे. त्या वेळी ब्रह्मदेवाचा दिवस संपून त्याची रात्र सुरू होते. ब्रह्मा, विष्णू व महेश या तिन्ही देहधारी देवतांचा जेव्हा अंत होतो, त्या वेळी ब्रह्मांडाचा कल्पान्त सुरू होतो. तेव्हा ब्रह्म प्रलय खात्रीने होऊ लागला असे समजावे.

ब्रह्मदेव झोपी गेला म्हणजे तिसरा प्रलय सुरू होतो; त्या वेळी मृत्यू लोकांचा गोळा पृथ्वीवरील सर्व प्राण्यांचे व्यापार बंद पडतात; तेव्हा सगळ्या प्राण्यांचे सूक्ष्म देह ब्रह्मांडातील वायूमध्ये जाऊन राहतात. अशा रीतीने पुष्कळ काळ जातो. मग ब्रह्मदेवाची रात्र संपून दिवस उजाडतो. तो जागा होतो. जागा झाल्यावर तो पुन्हा

विश्वाची रचना करतो. इकडेतिकडे पसरलेल्या जीवांना ब्रह्मदेव पुनरपि एकत्र गोळा करतो. हा झाला ब्रह्मांडाचा निद्रा प्रलय.

मग ब्रह्मदेवाच्या आयुष्याचा शेवट होतो, त्या वेळी ब्रह्मप्रलय आरंभ होतो. आता ब्रह्मप्रलयाचे सविस्तर वर्णन ऐका. शंभर वर्षे ढगच येत नाहीत; बारा प्रकारच्या किरणांनी सूर्य प्रकाशतो व उष्णता निर्माण करतो. त्यामुळे पृथ्वी जळू लागते. सूर्याची उष्णता जशी वाढत जाते, तसा सगळीकडे मोठा हलकल्लोळ माजतो. सगळे अग्नी एके ठिकाणी गोळा होतात. त्या वेळी देवांना आपले देह सोडावे लागतात. मग सगळे देव आपल्या मूळ वायू स्वरूपात मिसळून जातात.

आता वायूचे राज्य सुरू होते. तो वायू अतिशय जोराने वाहून अग्नीवर झडप घालतो, त्यामुळे अग्नी एकदम विझून जातो. मग परब्रह्मामध्ये वायू भरमसाठ वाहायला लागतो; पण ज्याप्रमाणे पुष्कळामध्ये थोड्याचा नाश होऊन जातो, धूर आकाशामध्ये नाहीसा होतो, त्याचप्रमाणे परब्रह्मामध्ये वायू कोठेच्या कोठे नाहीसा होतो. वायू अशा रितीने लीन झाला.

ही सूक्ष्म पंचमहाभूते, तीन गुण आणि ईश्वर आपले वेगळेपण टाकून निर्विकल्प परब्रह्मामध्ये लीन होऊन जातात. तेथे अतिशुद्ध जाणीव राहते; परंतु जगत्ज्योती नाहीशी होते. अशा रीतीने सर्व संहार झाल्यानंतर केवळ स्वरूपस्थिती तेवढी उरते. ईश्वराने विश्व निर्माण करण्याचा जो संकल्प केला, तो सत्यसंकल्प आहे. तो ज्ञानमय आहे, जाणीवस्वरूप आहे, सामर्थ्यसंपन्न आहे, त्याला जगत्ज्योती म्हणतात. प्रलयाच्या वेळी विश्व स्व-स्वरूपात विलीन होते आणि ईश्वर ब्रह्मरूपात मिसळून जातो.

हे झाले दासबोधातील वर्णन.

तैत्तिरीय उपनिषदाचा निर्मितीकाळ लक्षात घेता विश्वाच्या संहाराची कल्पना करणे हीच केवढी मोठी गोष्ट आहे. विश्वाच्या पसाऱ्याची, आवाक्याची कल्पना असल्याशिवाय त्याच्या संहाराचा विचार होणार नाही. इतक्या प्राचीन काळी आपल्याकडे इतका खोलवर आणि प्रत्यक्षात जे अस्तित्वात आहे, त्यावर विचार झाला होता हीच कमालीची मोठी गोष्ट आहे.

'पिंड आणि ब्रह्मांड यांत साम्य असते' हा फार मोठा विचार आहे; हे समजण्याची क्षमता त्या काळातल्या ऋषी-मुनींमध्ये होती.

'कालगती चक्राकार आहे' हा अजून एक मोठा शोध. या विचारापर्यंत

आजच्या अत्याधुनिक काळातले शास्त्रज्ञ अजूनही हळूहळू पोहोचत आहेत. Big bang ते big crunch हा सिद्धान्त अजूनही पूर्णत:सिद्ध झाला नाही; पण यात कालगती चक्राकार आहे, हेच सांगितले आहे ना? Big bang ते big crunch हा सिद्धान्त म्हणजे एका बिंदूपासून म्हणजे Singularityपासून सुरू झालेले विश्व वाढत जाते, प्रसरण पावत जाते आणि एका ठिकाणी थांबून परत त्याच क्रमाने मागे फिरते, म्हणजेच जवळजवळ येत परत एका बिंदूत सामावते. मग पुनश्च हरिओम!

हे सगळे वाचून यावर विचार करत राहिले, की चक्रावून जायला होते. आपले किती ज्ञान लुप्त झाले, लयाला गेले, जाळले गेले याचे दु:ख होते. त्यात आपले कधीही भरून न येणारे नुकसान झाले आहे. तरीही त्यातूनही उरलेले आपल्याकडचे ज्ञानसुद्धा इतके अफाट आहे, की तेही समजून घ्यायला आपल्याला खूप अभ्यास करावा लागणार आहे.

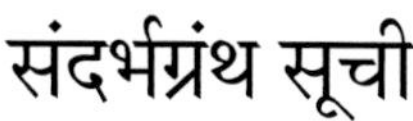

संदर्भग्रंथ सूची

- *वाल्मीकि रामायण*, संशोधित आवृत्ती, Bhandarkar Oriental Research Institute (BORI), पुणे
- *महाभारत*, संशोधित आवृत्ती, Bhandarkar Oriental Research Institute
- ऋग्वेद संहिता, यजुर्वेद संहिता, मैत्रायणी आरण्यक उपनिषद
- सूर्यसिद्धान्त, पंचशील सिद्धान्त, महाभास्करीय सिद्धान्त, ब्रह्मस्फुट सिद्धान्त
- *सिद्धान्त शिरोमणी, योगवासिष्ठ, पराशर तंत्र*
- बृहत् संहिता : वराहमिहीर, *आर्यभटीय* : आर्यभट,
- श्रीमद् भागवत पुराण, हरिवंश
- महाभारततात्पर्यनिर्णय : आचार्य मध्व
- बाल-रामायण : राजशेखर
- *ज्ञानेश्वरी* : संत ज्ञानेश्वर, दासबोध : समर्थ रामदास
- प. वि. वर्तक : *स्वयंभू*, पुणे
- प. वि. वर्तक : *वास्तव रामायण*, पुणे
- Basham, A. L.: *The Wonder That Was India*
- Dikshit, S. B.: History of Indian Astronomy

- Oak, Nilesh Nilkanth: *When did the Mahabharata War Happen? : The Mystery of Arundhati*
- Oak, Nilesh Nilkanth: *The Historic Rama*
- Oak, Nilesh Nilkanth: *Bhishma Nirwana*
- P. Clift, A. Carter, and others: *The paper U-Pb Zircon dating Evidence for a Pleistocene Sarasvati River and capture of the Yamuna River, Geology,* 2012.
- P. Priyadarshi, Dr: *India's Contribution to the West*
- Schroeder, Leopold von Schroeder, *Pythagoras und die Inder (Pythagoras and the Indians)*
- Vaidya, C. V., Bharatacharya: *Epic India: India as Described in the Mahabharata and the Ramayana*
- Vaidya, C. V., Bharatacharya: *The Mahabharata: A Criticism*
- A few Papers, and Lectures at different Seminars

लेखक परिचय

नीलेश नीलकंठ ओक

Email : drno5561bce@gmail.com

- 'रासायनिक अभियांत्रिकी'मध्ये एम. एस.; एक्झिक्युटिव्ह एमबीए
- संशोधक, लेखक, TEDx वक्ता, UDCT-ICTचे नावाजलेले माजी विद्यार्थी आणि उत्तम वक्ता म्हणून लोकप्रिय

- भारतीय संस्कृतीतील अद्भुत ज्ञान, तंत्रज्ञान आणि भारतीय संस्कृतीच्या प्राचीनतेचे भान देतात. कुशाग्र बुद्धी, वस्तुनिष्ठ पुरावा, शास्त्रीय आणि तार्किक कारणमीमांसेतून युक्तिवाद मांडणी
- जगातील अनेक संस्कृतींचा आणि अनेक विषयांचा सखोल अभ्यास
- इन्स्टिट्यूट ऑफ ॲडवान्स्ड सायन्सेस, डार्टमाऊथ, मॅसाच्युसेट्स येथे संशोधक आणि अधिवक्ता प्राध्यापक

- त्यांच्या मूलभूत संशोधनावर आधारित *When did the Mahabharat a War Happen?, The Historic Rama, Bhishma Nirwana* ही तीन क्रांतिकारक पुस्तके प्रकाशित. या पुस्तकांची विविध भाषांत भाषांतरे झाली आहेत आणि होत आहेत.

- संपूर्ण जगभर भरपूर प्रवास करत, विविध नामांकित विद्यापीठे आणि महाविद्यालये यांतील विद्यार्थ्यांशी, तसेच इतर अनेक अभ्यासक – श्रोत्यांशी संवाद साधत असतात.
- त्यांच्या संशोधनाने कादंबऱ्या, माहितीपट आणि चित्रपटांना प्रेरणा दिली आहे.

लेखक परिचय

रूपा भाटी

Email : rupabhaty16@gmail.com

- ◆ वास्तुविशारद आणि साहाय्यक प्राध्यापक
- ◆ इन्स्टिट्यूट ऑफ ॲडव्हासड् सायसेन्स, डार्टमाउथ, मॅसाच्युसेट्स

- ◆ *सूर्यसिद्धान्त, वेदांग ज्योतिष* आणि इतर प्राचीन भारतीय संस्कृत ग्रंथांचा अभ्यास. पुरातत्त्वशास्त्रात विस्तृत शोधनिबंध प्रसिद्ध. गेल्या ३० वर्षांपासून ऋग्वेदाचा मानवी उत्क्रांती संबंधित अभ्यास.
- ◆ वास्तुरचनाशास्त्र आणि पुरातत्त्वशास्त्र विषयक विवध कार्यक्रम.

- ◆ पर्यावरण संरक्षण आणि संवर्धन कार्यात सहभाग. कच्छ परिसरात २००० झाडे लावली. गांधीधाम डेव्हलपमेंट अथॉरिटीमध्ये मुख्य वास्तुविशारद म्हणून काम करताना प्रत्येक घरात एक झाड लावणे बंधनकारक केले.

- ◆ फावल्या वेळात कॅनव्हास पेंटिंग. मुंबई, दिल्ली आणि गांधीधाम येथे चित्रप्रदर्शने. मान्यवर आणि समीक्षकांकडून त्यांच्या कामाची प्रशंसा.

- ◆ २०००मधील विनाशकारी भूकंपानंतर, गांधीधाम शहराला पूर्वपदावर आणण्यासाठी, शहर विकास समिती आणि विविध स्वयंसेवी संस्थांसोबत अथक परिश्रम. असोसिएशन फॉर वुमन इन आर्किटेक्चर (AWA), यूएसए यांनीही या कार्याची दखल घेतली.
- ◆ हेगच्या 'इंटरनॅशनल फेडरेशन ऑफ हाउसिंग अँड प्लॅनिंग'च्या (IFHP) त्या सन्माननीय सदस्या आहेत.

लेखक परिचय

लीना आनंद दामले
Email : lee.dams@gmail.com

- M.Sc. (Nuclear Physics), जर्मन भाषा प्रशिक्षण तीन वर्षांचा अभ्यासक्रम.

- *कथारूपी खगोलशास्त्र, अंतरिक्षाच्या अंतरंगात, नक्षत्रकथा* ही पुस्तके प्रकाशित. सुप्रसिद्ध शास्त्रज्ञ Michio Kaku यांच्या *Physics of The Impossible* या पुस्तकाचे *अशक्य भौतिकी* या नावाने अनुवादित पुस्तक प्रकाशित.

- मराठी विश्वकोशात खगोलशास्त्रविषयक नोंदी.

- नामवंत दैनिके, मासिके यांतून लेखमाला प्रकाशित.

- 'आकाशवाणी'साठी विज्ञानविषयक लेखन

- *कथारूपी खगोलशास्त्र :* राज्य शासनाचा उत्कृष्ट वाङ्मयाचा राजा केळकर पुरस्कार (२००६).

- मुलांसाठीचा कथासंग्रह नक्षत्रकथा राज्यशासनातर्फे सर्व शाळांमध्ये वितरित.

- विज्ञानलेखनासाठी श्री. म. ना. गोगटे पुरस्कृत कै. गो. रा. परांजपे विशेष ग्रंथकार पुरस्कार, महाराष्ट्र साहित्य परिषद, पुणे (२०१९)

- India International Science Festival येथे खगोलशास्त्र आणि पुराणकथा यावर एक सत्र घेण्यासाठी आमंत्रण.

- टोकियो (जपान) येथे २००९मध्ये झालेल्या आशियाई देशांच्या खगोलशास्त्राशी संबंधित पुराणकथा यावरच्या *Stars of Asia* या कार्यशाळेत भारताचे प्रतिनिधित्व.